趣学JavaScript
——教孩子学编程

JAVASCRIPT FOR KIDS

[美] Nick Morgan 著 李强 译

人民邮电出版社

北 京

图书在版编目（ＣＩＰ）数据

趣学JavaScript：教孩子学编程 ／（美）摩根
（Morgan, N.）著；李强译. -- 北京：人民邮电出版社，
2016.1（2019.9重印）
ISBN 978-7-115-40613-2

Ⅰ. ①趣… Ⅱ. ①摩… ②李… Ⅲ. ①JAVA语言—程
序设计 Ⅳ. ①TP312

中国版本图书馆CIP数据核字(2015)第254439号

版权声明

◆ 著　　　　[美] Nick Morgan
　　译　　　　李 强
　　责任编辑　陈冀康
　　责任印制　张佳莹　焦志炜

◆ 人民邮电出版社出版发行　　北京市丰台区成寿寺路 11 号
　　邮编　100164　电子邮件　315@ptpress.com.cn
　　网址　http://www.ptpress.com.cn
　　北京虎彩文化传播有限公司印刷

◆ 开本：720×960　1/16
　　印张：18.25
　　字数：302 千字　　　　　　2016 年 1 月第 1 版
　　印数：8 601 – 9 100 册　　2019 年 9 月北京第10次印刷
　　著作权合同登记号　　图字：01-2014-6467 号

定价：59.00 元

读者服务热线：(010)81055410　印装质量热线：(010)81055316
反盗版热线：(010)81055315
广告经营许可证：京东工商广登字 20170147 号

内 容 提 要

JavaScript 是 Internet 的语言，是创建令人惊讶的 Web、你喜欢的站点交互性和在线游戏的秘密武器。

本书用轻松愉快的方式，通过耐心的、按部就班的示例，以及充满乐趣的图示，帮助读者轻松地学习编程基础知识。全书共 16 章，从基础知识开始，详细介绍了操作字符串、数组以及循环，然后继续学习一些高级话题，如使用 jQuery 构建交互性，以及使用画布绘图等。本书通过教授编写一些简单有趣的游戏，帮助读者掌握 JavaScript 编程。每一章都构建于上一章的基础之上，并且每章末尾的编程挑战能够激发读者更多的思考和学习兴趣。

本书针对任何想要学习 JavaScript 或初次接触编程的人。本书针对青少年学习 JavaScript 量身定做，但也适合作为不同年龄的初学者的第一本编程图书。

作者简介

Nick Morgan 是 Twitter 的一名前端工程师。他热爱编程，并且特别关注 JavaScript。Nick 和她的未婚妻，以及他们的绒毛犬 Pancake，居住在旧金山。他的博客是 skilldrick.co.uk。

绘图者简介

Miran Lipovaca 是 *Learn You a Haskell for Great Good*! 一书的作者。他喜欢拳击、演奏低音吉他，当然，还有绘画。

技术评阅者简介

Angus Croll 是 *If Hemingway Wrote JavaScript* 的作者，他同等程度地痴迷于 JavaScript 和文学。他在 Twitter 的 UI 框架团队工作，在那里，他是 Flight 框架的共同作者。他写着很有影响力的 JavaScript 博客，并且是世界各地的大会演讲者。他的 Twitter 账号是 @angustweets。

前言

欢迎阅读本书！在本书中，你将学习用一种 Web 语言（JavaScript）来编写程序。但是更重要的是，你将成为一名程序员，即不仅会使用计算机而且会控制计算机的人。一旦学会了编程，你可以让计算机遵从你的意愿去做你想做的任何事情。

JavaScript 是一门不错的语言，值得学习，因为它随处可用。诸如 Chrome、Firefox 和 Internet Explorer 这样的 Web 浏览器，都使用 JavaScript。借助 JavaScript 的强大功能，Web 程序员可以将 Web 页面从简单的文档变换为功能完备的交互式应用程序和游戏。

但是，并不仅限于构建 Web 页面。JavaScript 可以在 Web 服务器上运行，以创建整个 Web 站点，甚至用于控制机器人和其他的硬件。

本书的目标读者

本书针对任何想要学习 JavaScript 或初次接触编程的人。本书针对儿童量身定做，但是，它也适合作为不同年龄的初学者的第一本编程图书。

通过本书，你可以逐渐构建和积累自己的 JavaScript 知识，从 JavaScript 的简单数据类型开始，然后继续了解复杂的类型、控制结构和函数。然后，你将学习如何编写代码对用户移动鼠标或者按下键盘上的按键做出响应。最后，学习有关 canvas 元素的知识，canvas 允许使用 JavaScript 来绘制所能想象到的任何东西并对其实现动画。

一路下来，你将创建几个游戏来扩展自己的编程技能，并且将所学的知识付诸应用。

如何阅读本书

首先，按照顺序阅读。这听起来似乎很简单，但是，确实有很多人想要直接跳到有趣的内容，例如，开发游戏。但是，每一章都是构建于前面各章所介绍的知识之上的，因此，如果你从头开始阅读，那么在遇到游戏的时候也不会有什么困难。

编程语言就像是口头语言一样：你必须学习语法和词汇，这要花一些时间。唯一提高的方法就是编写（并阅读）大量的代码。随着你编写越来越多的 JavaScript 程序，你将会发现该语言的某些部分已经变成第二天性，最终你会变成一名熟练的 JavaScript 程序员。

在阅读本书的时候，我鼓励你录入并测试本书中的示例代码。如果你没有完全理解其含义，可以尝试做一些小的修改，看看有什么效果。如果这些修改没有达到你预期的效果，看看能否找出其中的原因。

最重要的，要练习"试试看"和"编程挑战"部分。输入本书中出现的代码只是第一步，但是，当你开始编写自己的代码的时候，你将会从更深的层次理解编程。如果你发现某个挑战很有趣，那么，去尝试它！甚至可以提出自己的挑战，在已经编写的程序上构建更多功能。

通过 http://nostarch.com/javascriptforkids/ 可以找到编程挑战的示例解决方案。当你解决了一个挑战之后，尝试看一下解决方案，以便将自己的方法和我的方法进行比较。或者，如果你遇到困难，可以查看解决方案以得到提示。但是记住，这只是一个示例解决方案。用 JavaScript 完成相同的任务可以有很多不同的方法，因此，如果你最终使用了一个和我完全不同的解决方案，也不必为此担心。

如果你遇到一个术语而又不理解其含义，那么可以查阅本书末尾的术语表。这个术语表包含了你将会在本书中遇到的很多编程术语的定义。

本书内容

第 1 章快速介绍 JavaScript，并且带领你开始在 Google Chrome 中编写 JavaScript。

第 2 章介绍了 JavaScript 所使用的变量和基本数据类型：数字、字符串和 Boolean。

第 3 章介绍数组。数组用来保存其他数据片段的列表。

第 4 章介绍对象。对象包含了键 - 值对。

第 5 章介绍 HTML。HTML 是用于创建 Web 页面的语言。

第 6 章介绍如何使用 if 语句、for 循环以及其他的控制结构获得对代码更多的控制。

第 7 章将目前所学的知识综合起来，创建了一个简单的 Hangman 猜词游戏。

第 8 章介绍了如何编写自己的函数，以便能够组织和复用代码块。

第 9 章介绍了 jQuery，这种工具使得用 JavaScript 控制 Web 页面更容易。

第 10 章介绍了如何使用超时、间隔和事件处理程序让代码更具有交互性。

第 11 章使用函数、jQuery 和事件处理程序来创建一个名为 "Find the Buried Treasure!" 的游戏。

第 12 章介绍一种叫作面向对象编程的编程风格。

第 13 章介绍了 canvas 元素，它允许你使用 JavaScript 在 Web 页面上绘制图形。

第 14 章基于第 10 章所学习的动画技术，继续探讨，以便能够使用 canvas 创建动画；第 15 章介绍了如何使用键盘来控制这些 canvas 动画。

在第 16 章和第 17 章中，我们将编写一款完整的贪吃蛇游戏，这将用到前面 15 章所学习过的所有内容。

术语表包含了你将会遇到的很多新的术语的定义。

后记针对如何学习更多的编程知识给出了一些建议。

享受乐趣

　　还有最后一件事情需要记住：享受乐趣！编程是好玩而又具有创造性的活动，就像是绘画或玩游戏一样（实际上，在本书中，你也会使用 JavaScript 来绘画和玩游戏）。一旦你掌握了如何编写代码，唯一的局限就是你的想象力。欢迎你进入令人惊讶的计算机编程世界，我希望你感受狂欢！

目　录

第 1 部分　基础知识

第 2 部分 高级 JavaScript

第 3 部分 Canvas

第 1 部分

基础知识

第 1 章

认识 JavaScript

计算机是功能强大到令人难以置信的工具，它能够执行很多惊人的操作，例如，下国际象棋比赛、提供数以千计的 Web 页面，或者在数秒钟之内执行数百万次复杂的计算。但是，深入去看，计算机实际上是很傻的。计算机只能够执行人类告诉它的事情。我们使用计算机程序告诉计算机采取什么动作，而程序只是令计算机遵从的指令集合。没有程序的话，计算机什么也干不了。

1.1　认识 JavaScript

更糟糕的是，计算机不能理解英语或任何人类语言。计算机程序是使用像 JavaScript 这样的编程语言来编写的。你此前可能没有听说过 JavaScript，但是，你肯定已经用过它了。JavaScript 语言用来编写在 Web 页面中运行的程序。JavaScript 可以控制一个 Web 页面的外观，并且当浏览者点击按钮或移动鼠标的时候，它让页面做出响应。

诸如 Gmail、Facebook 和 Twitter 等 Web 站点，都使用 JavaScript 使得发送邮件、发布评论或浏览 Web 站点更加容易。例如，当你在 Twitter 上阅读 @nostarch 发布的 tweets 的时候，随着页面滚动，你会在页面的底部看到更多的 tweets，这就是 JavaScript 所为。

要搞清楚 JavaScript 为何如此令人兴奋，你只需要访问几个 Web 站点。

• JavaScript 可以播放音乐并创建惊人的视觉效果。例如，你可以欣赏由 HelloEnjoy 为 Ellie Goulding 所做的歌曲 "Lights" 所创建的一个交互式音乐视频（http://lights.helloenjoy.com/），如图 1-1 所示。

• JavaScript 使你能为其他人构建工具，以便他们可以制作自己的艺术品。Patatap（http://www.patatap.com/）是一个虚拟的 "制鼓机器"，可以创建各种很酷的声音以及伴随声音的很酷的动画，如图 1-2 所示。

图 1-1　在 HelloEnjoy 的 "Lights" 音乐视频中，你可以控制闪光的鼠标

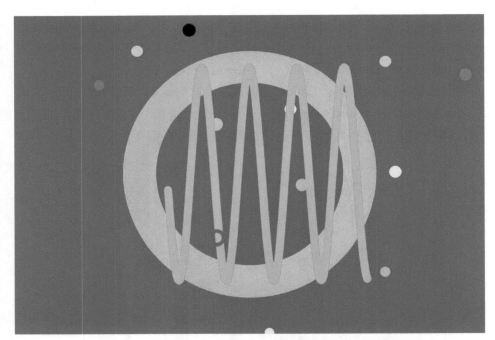

图 1-2　当你访问 Patatap 的时候，尝试按下众多的按键以产生不同的声音

• JavaScript 允许你玩有趣的游戏。CubeSlam（https://www.cubeslam.com/）是经典游戏 Pong 的一个 3D 复制版本，它看上去就像是桌上冰球。你可以和朋友对打，也可以和计算机所生成的一只熊来对打，如图 1-3 所示。

图 1-3　CubeSlam 游戏完全是用 JavaScript 编写的

1.2　为何要学习 JavaScript

JavaScript 并非唯一的编程语言，实际上，还有数以百计的编程语言。但是，学习 JavaScript 的理由有很多。首先，它比很多其他的语言更容易学习（而且更有乐趣）。但可能还有一个最好的理由，就是要编写和运行 JavaScript 程序，你只需要像 Internet Explorer、Mozilla Firefox 或 Google Chrome 这样的一个 Web 浏览器就够了。每一个 Web 浏览器都带有一个 JavaScript 解释器，它可以理解如何阅读 JavaScript 程序。

一旦你编写了 JavaScript 程序，就可以将到该程序的一个链接发送给人们，并且，他们可以在自己的计算机上的 Web 浏览器中运行程序（参见本书后记中的"使用 JSFiddle 分享你的代码"部分）。

1.3　编写 JavaScript

让我们在 Google Chrome（http://www.google.com/chrome/）中编写一些简单的 JavaScript。在你的计算机上安装 Chrome（如果还没有安装的话），然后，打开 Chrome 并且在地址栏输入 about:blank。现在，按下 Enter 键，你将会看到一个空白页面，如图 1-4 所示。

我们通过在 Chrome 的 JavaScript 控制台中编码而开始，这是程序员测试 JavaScript 程序的一种秘密方式。在 Microsoft Windows 或 Linux 上，按下 Ctrl 键和 Shift 键，并且按下 J 键。在 Mac OS 上，按下 Command 键和 Option 键，并且按下 J 键。

如果你正确地完成了所有的事情，应该会看到一个空白页，但是在其下面有一个右尖括号（>），后面跟着一个闪烁的光标（|），如图 1-4 所示。这是将要编写 JavaScript 的位置。

图 1-4　Google Chrome 的 JavaScript 控制台

注意　Chrome 控制台将会以彩色显示你的代码文本，例如，你输入的文本是蓝色的，输出将会根据其类型而显示颜色。在本书中，我们对代码文本采用和控制台所使用的类似的颜色。

当你在光标处输入代码，并且按 Enter 键的时候，JavaScript 应该会运行（或执行）你的代码，并且在下一行显示结果（如果有结果的话）。例如，在控制台输入如下内容：

```
3 + 4;
```

然后按 Enter 键。JavaScript 应该会在下一行输出这个简单的加法的结果
（7）：

```
3 + 4;
7
```

好了，足够简单了。但是，JavaScript 远不止是一个不错的计算器，对吧？
让我们来尝试一些其他的事情。

1.4 JavaScript 程序的结构

让我们创建一个看上去有点傻的 JavaScript 程序，它输出如下所示的一系
列猫脸儿：

```
=^.^=
```

和加法程序不同，这个 JavaScript 程序需要
几行代码。要将该程序输入到控制台，你必须
在每一行代码的末尾按 Shift 键和 Enter 键，以
便添加新的代码行（如果只是按 Enter 键的话，
Chrome 将会试图执行你所编写的内容，并且程
序不会像期望的那样工作。我警告过你，计算机
是很傻的。）

在浏览器控制台中输入如下内容：

```
// Draw as many cats as you want!
var drawCats = function (howManyTimes) {
  for (var i = 0; i < howManyTimes; i++) {
    console.log(i + " =^.^=");
  }
};

drawCats(10); // You can put any number here instead of 10.
```

最后，按 Enter 键而不是 Shift 键和 Enter 键。当你做完这些，应该会看到
如下所示的输出：

```
0 =^.^=
1 =^.^=
2 =^.^=
3 =^.^=
4 =^.^=
5 =^.^=
6 =^.^=
7 =^.^=
8 =^.^=
9 =^.^=
```

　　如果有任何的输入错误，输出会截然不同，或者会得到一条错误消息。这就是我说"计算机很傻"的意思，即便是简短的一段代码，也必须完全无误，计算机才能够理解你要让它做什么。

　　现在，我还不想介绍代码是如何工作的（我们将在第 8 章再回到这个程序），但是，让我们来了解一下这个程序及一般的 JavaScript 程序的一些特征。

1.4.1　语法

　　我们的程序包含了很多的符号，包括括号、分号、花括号、加号，以及一些乍看上去有些神秘的单词（如 var 和 console.log）。还有各种 JavaScript 语法，即 JavaScript 关于如何将符号和单词组合起来以创建可工作的程序的规则。

当你想要学习一门新的编程语言的时候，其中最难的部分是习惯如何编写针对计算机的各种不同命令的规则。当你刚开始的时候，需要包含一个圆括号的时候很容易会忘记，又或者当你需要包含某些值的时候搞乱了顺序。但是，通过练习，你会掌握这些规则。

在本书中，我们将按部就班地学习，一点一点地介绍新的语法，以便你能够创建功能逐渐强大起来的程序。

1.4.2 注释

画猫脸儿程序的第一行如下：

```
// Draw as many cats as you want!
```

这是所谓的注释句。程序员使用注释来使得其他的程序员更容易阅读和理解自己的代码。计算机会完全忽略掉注释。JavaScript 中的注释以两个斜杠开头（//）。斜杠后面的所有内容（同一行中）都会被 JavaScript 解释器忽略，因此，注释对于程序如何执行没有任何影响，它们只是提供对程序的说明。

在本书的代码中，你将会看到，注释说明了在代码中发生了什么。当你编写自己的程序的时候，请添加自己的注释。这样，你在随后见到自己的代码的时候，注释会提醒你代码是如何工作的，以及在每一个步骤中发生了什么。

在我们的程序的最后一行，还有另一个代码注释。记住，// 之后的任何内容，计算机都不会运行。

```
drawCats(10); // You can put any number here instead of 10.
```

代码注释可以单独成行，或者放在代码的后面。如果你在前面放上 //，如下所示：

```
// drawCats(10);
```

那么，什么也不会发生！Chrome 会将整行都当作是一个注释，即便其内容是 JavaScript 代码。

一旦你开始阅读各种广泛的 JavaScript 代码，应该会看到如下所示的注释：

```
/*
Draw as many cats
as you want!
*/
```

这是一种不同风格的注释，它通常用于一行以上的注释。但是，它做的事情是一样的：/* 和 */ 之间的任何内容都是注释，计算机不会运行它们。

1.5　本章小结

在本章中，我们了解了什么是 JavaScript 以及它可以用来干什么。你还学习了如何使用 Google Chrome 浏览器运行 JavaScript，并且尝试了一个示例程序。本书中的所有代码示例，除非特别说明，都可以（并且应该）在 Chrome 的 JavaScript 控制台中使用。不要只是阅读代码，尝试输入一些内容。这是学习编程的唯一方法。

在下一章中，我们将学习 JavaScript 的基础知识，首先从你可以操作信息的 3 种基本类型开始：数字、字符串和 Boolean。

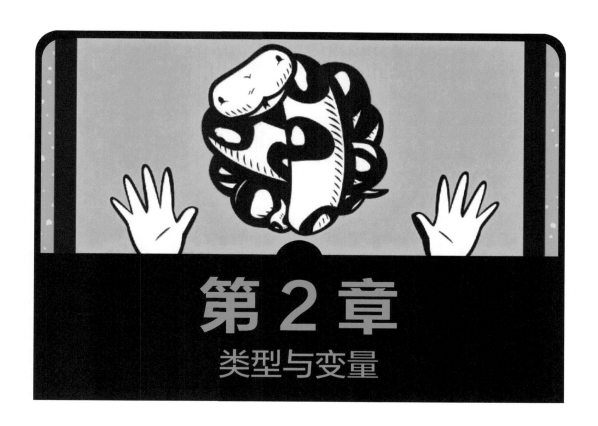

第 2 章
类型与变量

　　编程其实就是操作数据，可什么是数据呢？数据就是我们保存在计算机程序中的信息。例如，你的名字就是一条数据，年龄也是一条数据。你头发的颜色，有几个兄弟姐妹，住在什么地方，是男生还是女生——所有这些都是数据。

JavaScript 中有 3 种基本的数据类型：数字、字符串和 Boolean（布尔类型）。number 用来表示数字。例如，年龄可以用一个 number 表示，身高也可以用 number 表示。JavaScript 中的数字如下所示：

```
5;
```

字符串用来表示文本。名字在 JavaScript 中可以用一个字符串来表示，电子邮件地址也可以用字符串表示。字符串看上去如下所示：

```
"Hi, I'm a string";
```

Boolean 是可能为 true 或 false 的值。例如，可以用一个 Boolean 值来表示你是否戴眼镜，也可以用 Boolean 值表示你是否喜欢吃西兰花。Boolean 看上去如下所示：

```
true;
```

每种数据类型的使用方式不同。例如，可以把两个数字相乘，却不能把两个字符串相乘。对于一个字符串，可以要求获取其前 5 个字符。对于布尔值，可以判断两个值是否都为真。下面的代码示例展示了这些可能的操作。

```
99 * 123;
12177
"This is a long string".slice(0, 4);
"This"
true && false;
false
```

JavaScript 中所有数据都是这些数据类型的某种组合。在本章中，我们将依次学习每种数据类型以及使用每种数据类型的不同方式。

注意　你可能注意到了，所有这些命令都是以分号结尾。分号表示一条特定 JavaScript 命令或指令的结束，有点像句子末尾的句号。

2.1　数字和运算符

JavaScript 可以执行加、减、乘、除这样的基本数学运算。做这些运算，我们要用到操作符 +、-、* 和 /。

我们可以像使用计算器一样使用 JavaScript 控制台。我们已经看过 3 和 4 相加的示例，再来看一个更难的示例，12345 加 56789 等于几？

```
12345 + 56789;
69134
```

心算不是很容易，但是 JavaScript 计算则不需要花费什么时间。

还可以把多个数字加在一起：

```
22 + 33 + 44;
99
```

JavaScript 也可以做减法运算：

```
1000 - 17;
983
```

还可以使用星号做乘法运算：

```
123 * 456;
56088
```

使用斜杠做除法运算：

```
12345 / 250;
49.38
```

还可以把这些简单的运算组合成一个较为复杂的计算，如下所示：

```
1234 + 57 * 3 - 31 / 4;
1397.25
```

这里变得有些棘手，因为计算结果取决于 JavaScript 每次运算的顺序。数学的规则是，乘法和除法总是在加法和减法之前进行，JavaScript 也遵循这个规则。

图 2-1 展示了 JavaScript 执行的顺序。首先，进行乘法运算，57*3 得到 171（用红色字体表示）。然后，进行除法运算，31/4 得到 7.75（用蓝色字体表示）。接下来，进行加法运算，1234+171 得到 1405（用绿色字体表示）。最后计算减法，1405-7.75 得到 1397.25，这就是最后的结果。

如果想要在执行乘法和除法之前，执行加法和减法运算，该怎么办呢？例如，你有 1 个兄弟和 3 个姐妹，有 8 个糖果，你想要把糖果平均分给 4 个兄弟姐妹，该怎么办？（你已经拿了自己的糖果！）你必须用糖果数除以兄弟姐妹的数量。

```
1234 + 57 * 3 - 31 / 4
```

$$1234 + 171 - 31 / 4$$

$$1234 + 171 - 7.75$$

$$1405 - 7.75$$

$$1397.25$$

图 2-1　运算顺序：乘法、除法、加法和减法

下面是一种尝试：

```
8 / 1 + 3;
11
```

这是不对的。当你只有 8 个糖果时，你是无法给兄弟姐妹每人 11 个糖果的。问题就在于，JavaScript 在做加法前先做了除法，先计算 8 除以 1（等于 8），然后再加上 3，得到的是 11。要修正这个算式，以便让 JavaScript 先做加法计算，我们需要使用括号：

```
8 / (1 + 3);
2
```

这个结果靠谱！兄弟姐妹每人两个糖果。括号强制 JavaScript 先计算 1 加 3，然后再用 8 除以 4。

试试看

假设你的朋友试图用 JavaScript 计算要买多少个气球。她要举办一个聚会，想要每个人吹爆 2 个气球。开始有 15 个人要来，后来她又邀请了 9 个人。她试图使用下面的代码来计算：

```
15 + 9 * 2;
33
```

但这似乎不对。

问题在于乘法在加法之前计算。为确保 JavaScript 先做加法，你需要怎样加括号呢？你的朋友实际上需要买多少个气球呢？

2.2 变量

JavaScript 允许你使用变量给值起个名字。你可以把变量想象为一个盒子，可以把一个东西放进去。如果要在其中放其他的东西，原来的东西就没有了。

要创建一个新的变量，使用关键字 var，后面跟着变量的名称。关键字就是在 JavaScript 中有特殊意义的单词。在这个例子中，输入 var 时，JavaScript 知道我们即将输入一个新的变量名。例如，定义一个名为 nick 的变量：

```
var nick;
undefined
```

我们创建了一个名为 nick 的新变量。控制台输出 undefined 作为回应。这不是一个错误！只要一条命令没有返回一个值，JavaScript 就会做出这样的回应。什么是返回值？例如，当我们输入 12345 + 56789；时，控制台会返回 69134。在 JavaScript 中，创建一个新的变量不会有返回值，所以解释器输出 undefined。

要给变量赋值，使用等号：

```
var age = 12;
undefined
```

设置一个值的过程叫作赋值（assignment，我们把值 12 赋给变量 age）。打印出来的还是 undefined，因为我们创建了另一个新的变量。（在后面的示例中，当输出是 undefined 时，我们不再特意显示出来。）

变量 age 现在在我们的解释器中，将其值设置为 12。这意味着如果只输入 age，解释器会显示它的值：

```
age;
12
```

很酷！然而，变量的值并不是一成不变的（之所以称之为变量，是因为它们可以变化），如果想要改变它，只需要再次使用 =：

```
age = 13;
13
```

这次我没有使用关键字 var，因为变量 age 已经存在了。只有创建新的变量时，才需要使用 var，修改变量的值时则不需要 var。还要注意的是，由于我们没有创建新的变量，这条赋值语句返回的是 13，并且在下一行中打印出来。

解决前面提到的糖果问题的一个稍微复杂的示例如下所示，该示例没有使用圆括号：

```
var numberOfSiblings = 1 + 3;
var numberOfCandies = 8;
numberOfCandies / numberOfSiblings;
2
```

首先，创建一个名为 numberOfSiblings 的变量，把 1+3（JavaScript 计算结果为 4）赋值给它。然后，创建一个 numberOfCandies 变量，把 8 赋值给它。最后，写出表达式 numberOfCandies/numberOfSiblings。因为 numberOfCandies 是 8，numberOfSiblings 是 4，JavaScript 计算 8/4，结果是 2。

2.2.1 命名变量

要小心对待变量名称，因为很容易把它们拼写错。即便只是大小写错误，JavaScript 的解释器也不会知道我们想表达什么意思！例如，如果不小心把 numberOfCandies 中的 C 写成小写 c，就会得到一个错误：

```
numberOfcandies / numberOfSiblings;
ReferenceError: numberOfcandies is not defined
```

遗憾的是，JavaScript 只会严格地按照你的要求做事情。如果拼写错一个变量的名称，JavaScript 就会不明白你的想法，它会显示出一条错误的信息。

JavaScript 中变量名称的另一个麻烦是，它们不能包含空格，这就意味着它们的可读性很差。我也可以把变量命名成没有大写字母的 numberofcandies，但这会使它更难阅读，因为不清楚单词的结尾在哪里。变量是 "numb erof can dies"还是"numberofcan dies"呢？没有大写字母，就很难识别。

处理这个问题的一种常见方法是将每个单词首字母大写，就像 NumberOfCandies 一样。（这种惯例叫作骆驼拼写法，因为看上去有点像是骆驼的驼峰。）

标准的做法是变量以小写字母开头，通常除了第一个单词外，其他单词的首字母都大写，就像是 numberOfCandies 一样。（在本书中，我将遵循骆驼拼写法惯例，但是你可以自由选择想要的方式！）

2.2.2　使用数学创建新的变量

你可以通过对旧的变量做一些数学运算来创建新的变量。例如，可以使用变量来计算一年有多少秒——以及你的年龄是多少秒！我们先来计算一个小时有多少秒。

1 小时中的秒数

首先，创建两个新的变量，分别名为 secondsInAMinute 和 minutesInAnHour，让它们都等于 60（因为我们知道 1 分钟有 60 秒，1 个小时有 60 分钟）。然后，创建一个叫作 secondsInAnHour 变量，将它的值设置为 secondsInAMinute 和 minutesInAnHour 相乘。在 ❶ 处，输入 secondsInAnHour，就像在说"告诉我现在 secondsInAnHour 是多少！"。JavaScript 随后给出答案：3600。

```
  var secondsInAMinute = 60;
  var minutesInAnHour = 60;
  var secondsInAnHour = secondsInAMinute * minutesInAnHour;
❶ secondsInAnHour;
  3600
```

1 天中的秒数

现在，创建一个叫作 hoursInADay 的变量，把它设置为 24。接下来，创建了 secondsInADay 变量，将它设置为等于 secondsInAnHour 乘以 hoursInADay。当我们在 ❶ 处询问 secondsInADay 的值时，得到 86400，这是 1 天中的秒数。

```
  var hoursInADay = 24;
  var secondsInADay = secondsInAnHour * hoursInADay;
❶ secondsInADay;
  86400
```

1 年中的秒数

最后，创建了变量 daysInAYear 和 secondsInAYear。把 365 赋值给变量 daysInAYear，把 secondsInADay 乘以 daysInAYear 的结果赋值给变量 secondsInAYear。最后，询问 secondsInAYear 的值，结果是 31536000（超过 3100 万）。

```
var daysInAYear = 365;
var secondsInAYear = secondsInADay * daysInAYear;
secondsInAYear;
31536000
```

年龄是多少秒

现在，我们已经知道一年有多少秒了，就可以很容易地计算出你的年龄是多少秒（到最近的年）。例如，我 29 岁，我是这样编写代码的：

```
var age = 29;
age * secondsInAYear;
914544000
```

要计算你自己的年龄的秒数，输入相同的代码，但是把 age 的值改为自己的年龄。或者不使用 age 变量，使用一个数字作为你的年龄，就像下面这样：

```
29 * secondsInAYear;
914544000
```

我的年龄是 9 亿多秒！你的年龄是多少秒呢？

2.2.3 递增和递减

作为一名程序员，经常需要对数字变量加 1 或减 1。例如，可能有一个变量，用来计算今天收到多少个 high-five。每次有人给你 high-five，就想要把这个变量加 1。

加 1 叫作递增，减 1 叫作递减。使用操作符 ++ 或 -- 来表示递增或递减。

```
var highFives = 0;
++highFives;
1
++highFives;
2
--highFives;
1
```

当使用 ++ 操作符时，highFives 的值加 1；当使用 -- 操作符时，highFives 的值减 1。也可以把这些操作符放在变量之后。这么做的话，虽然会做同样的计算，但是返回值是增加或减少之前的值。

```
highFives = 0;
highFives++;
0
highFives++;
1
highFives;
2
```

在这个示例中，我们把 highFives 设置为 0。当调用 highFives++ 时，虽然变量递增，但是打印出来的仍然是增加之前的值。如果查看 highFives 最终的值（两次增加之后），会得到 2。

2.2.4　+=（加后赋值）和 -=（减后赋值）

变量要增加特定的值，可以使用如下代码：

```
var x = 10;
x = x + 5;
x;
15
```

把名为 x 的变量的初始值设置为 10。然后，把 x + 5 赋值给 x。因为 x 是 10，所以 x + 5 就是 15。我们所做的就是用 x 原来的值，计算出 x 的新值。因此，x = x + 5 实际上表示的就是 "x 加上 5"。

JavaScript 给出了一个更为简便的方法，使用 += 和 -= 操作符，将变量增加或减少一定数量。例如，如果我们有一个变量 x，那么 x += 5 和 x = x + 5 是一样的。-= 操作符的使用方式也相同，所以 x -= 9 和 x = x - 9 是一样的（"x 减 9"）。使用这两个操作符记录电子游戏得分的示例，如下所示：

```
var score = 10;
score += 7;
17
score -= 3;
14
```

在这个示例中，通过把 10 赋值给变量 score，表示最初的分数是 10。然后，我们打败了一个怪物，使用 += 操作符增加 7 分（score += 7 和 score = score +

7 是一样的）。在我们打败怪物之前，分数是 10，10+7 等于 17，所以这次操作会将 score 设置为 17。

在成功击败怪物后，我们又撞到一个陨石，分数要减掉 3。score-=3 和 score=score-3 是一样的。因为现在 score 是 17，score - 3 等于 14，所以为 score 重新赋值为 14。

试试看

还有一些其他与 += 和 -= 类似的操作符。例如，*= 和 /=。如何使用它们呢？试一下：

```
var balloons = 100;
balloons *= 2;
???
```

balloons *= 2 执行什么操作？再试一下：

```
var balloons = 100;
balloons /= 4;
???
```

balloons /= 4 又执行什么操作呢？

2.3　字符串

到目前为止，我们只使用过数字。现在，再来看另一种数据类型：字符串。JavaScript 中的字符串只是字符序列（这和在大多数编程语言中一样），可以包含字母、数字、标点和空格。我们把字符串放在引号中，这样 JavaScript 就会知道字符串从哪里开始，到哪里结束。例如，下面是一个经典的字符串：

```
"Hello world!";
"Hello world!"
```

要输入字符串，只要输入一个双引号（"），后面跟着想要的字符串文本，然后用另一个双引号结束字符串。也可以使用单引号（'），但是为了简单起见，在本书中，我们只使用双引号。

可以把字符串像数字一样保存在变量中：

```
var myAwesomeString = "Something REALLY awesome!!!";
```

变量之前存储过数字，但这并不会影响到为其分配一个字符串。

```
var myThing = 5;
myThing = "this is a string";
"this is a string"
```

如果把一个数字放在引号中会怎么样呢？它是字符串还是数字呢？在 JavaScript 中，字符串就是字符串（即使偶尔有一些字符是数字）。例如：

```
var numberNine = 9;
var stringNine = "9";
```

numberNine 是数字，stringNine 是字符。为了看出它们之间的区别，我们把它们加在一起：

```
numberNine + numberNine;
18
stringNine + stringNine;
"99"
```

当我们把数字 9 加上 9，就得到 18。但是，当我们对 "9" 和 "9" 使用 + 操作符时，只是把字符串直接连接在一起，得到了 "99"。

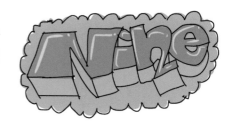

2.3.1 连接字符串

正如你所见到的，可以对字符串使用 + 操作符，但是结果与对数字使用 + 操作符大相径庭。使用 + 连接两个字符串时，会将第二个字符串附加到第一个字符串的末尾，生成一个新的字符串，如下所示：

```
var greeting = "Hello";
var myName = "Nick";
greeting + myName;
"HelloNick"
```

这里创建了两个变量（greeting 和 myName），分别为它们赋一个字符串值（"Hello" 和 "Nick"）。当我们把这两个变量加在一起时，两个字符串就组合成一个新的字符串 "HelloNick"。

然而，似乎有点不对——Hello 和 Nick 之间应该有个空格。但是 JavaScript 不会放一个空格，除非在最初的字符串中增加一个空格，专门告诉它这样做。

```
❶ var greeting = "Hello ";
  var myName = "Nick";
  greeting + myName;
  "Hello Nick"
```

在 ❶ 处，引号中的额外空格也会在最终的字符串中留下来。

除了可以把字符串加在一起，还可以对其做许多操作。如下是一些示例。

2.3.2　查找字符串的长度

要得到一个字符串的长度，只要在字符串的末尾加上 .length。

```
"Supercalifragilisticexpialidocious".length;
34
```

可以在实际的字符串或者包含字符串的变量后面加上 .length：

```
var java = "Java";
java.length;
4
var script = "Script";
script.length;
6
var javascript = java + script;
javascript.length;
10
```

这里，把字符串 "Java" 赋值给变量 java，把字符串 "Script" 赋值给变量 script。然后在每个变量的末尾加上 .length，以获取每个字符串的长度以及组合字符串的长度。

注意，我说的是可以在"实际的字符串或者包含字符串的变量"后面加上 .length。这说明了关于变量的一件很重要的事情：任何可以使用数字或字符串的地方，也可以使用包含数字或字符串的变量。

2.3.3　从字符串中获取单个字符

有时你想要从一个字符串中获取单个字符。例如，我们可能有一个密码，是由单词列表中每个单词的第 2 个字母组成。我们需要只取每个单词的第 2 个字符，并且把它们连接在一起来创建一个新的单词。

使用方括号（［ ］）从一个字符串中获取指定位置的字符。在字符串或包含字符串的变量的末尾，把需要的字符的编号放到一对方括号中。例如，要获取 myName 的第一个字符，使用 myName［0］，如下所示：

```
var myName = "Nick";
myName[0];
"N"
myName[1];
"i"
myName[2];
"c"
```

注意，要获取字符串的第一个字符，使用 0 而不是 1。这是因为 JavaScript（就像很多其他编程语言一样）从 0 开始计数。这意味着，当我们想要得到字符串的第一个字符时，使用 0；当想要得到第二个字符时，使用 1；以此类推。

我们来试着找出密码，其信息隐藏在一些单词中。从一系列单词中找到神秘的信息，如下所示：

```
var codeWord1 = "are";
var codeWord2 = "tubas";
var codeWord3 = "unsafe";
var codeWord4 = "?!";
codeWord1[1] + codeWord2[1] + codeWord3[1] + codeWord4[1];
"run!"
```

再提醒一下，注意，要获取每个字符串的第 2 个字符，使用的编号是 1。

2.3.4 截取字符串

要"截取"一大串字符，可以使用 slice。例如，读者可能想要从一个较长影评中抓取一些内容作为一个预告，显示在 Web 站点上。使用 slice，要在字符串（或者包含字符串的变量）后边放一个点，后面跟着单词 slice 和一对圆括号。在括号里边，输入想要截取的字符串的开始位置和结束位置，之间用逗号隔开。图 2-2 展示了如何使用 slice。

有两个数字，设置要截取的开始位置和结束位置。

这两个数字设置了截取的
start 和 end

"a string".slice(1, 5)

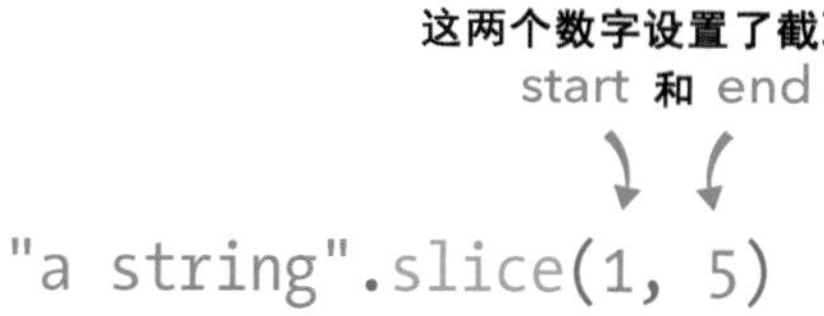

图 2-2　如何使用 slice 从一个字符串中截取字符

例如：

```
var longString = "My long string is long";
longString.slice(3, 14);
"long string  "
```

括号中的第一个数字是要截取的字符串的开始字符位置，第二个数字是要截取字符串的最后一个字符位置。图 2-3 展示了这次获取的字符，开始位置是 3，结束位置是 14，开始位置和结束位置都用蓝色字体高亮显示。

```
M  y     l  o  n  g     s  t  r  i  n  g     i  s     l  o  n  g
0  1  2  3  4  5  6  7  8  9 10 11 12 13 14 15 16 17 18 19 20 21
```

图 2-3　上面示例中，灰色方框中展示的是 slice 截取的字符

这里，我们告诉 JavaScript，"从这个长字符串的位置 3 开始，一直到位置 14 结束，提取字符串的一段"。

如果在 slice 后面的括号中只有一个数字，将从字符串的这个位置开始截取，到字符串末尾结束，如下所示：

```
var longString = "My long string is long";
longString.slice(3);
"long string is long"
```

2.3.5　把字符串转换为全部大写或全部小写

如果有一些文本内容是你想要大声读出来的，就可以使用 toUpperCase，把这些内容全部转换成大写字母。

```
"Hello there, how are you doing?".toUpperCase();
"HELLO THERE, HOW ARE YOU DOING?"
```

当对一个字符串使用 .toUpperCase() 时，会将其所有字母转换为大写以生成一个新的字符串。

也可以使用另一种方式进行转换：

```
"hELlo THERE, hOW ARE yOu doINg?".toLowerCase();
"hello there, how are you doing?"
```

从名字可以看出，.toLowerCase() 会把所有字母都变成小写。但是句子的首字母不是应该大写吗？我们如何让句子的首字母大写，而把剩余部分全部转换成小写呢？

注意 看看你能否用刚才介绍过的工具，把 "hELlo THERE，hOW ARE yOu doINg？" 转换成 "Hello there，how are you doing？"。如果你遇到困难了，回顾一下关于获取单个字符和使用 slice 的那一部分。然后再回来，看看我是怎么做的。

如下是一种方法：

```
❶ var sillyString = "hELlo THERE, hOW ARE yOu doINg?";
❷ var lowerString = sillyString.toLowerCase();
❸ var firstCharacter = lowerString[0];
❹ var firstCharacterUpper = firstCharacter.toUpperCase();
❺ var restOfString = lowerString.slice(1);
❻ firstCharacterUpper + restOfString;
   "Hello there, how are you doing?"
```

我们逐行介绍。在 ❶ 处，创建了名为 sillyString 的新变量，把想要修改的字符串保存在这个变量中。在 ❷ 处，使用 .toLowerCase() 方法，得到 sillyString 的小写字符版本（"hello there, how are you doing？"），并把它保存到名为 lowerString 的新变量中。

在 ❸ 处，使用 [0] 获取 lowerString 的第一个字符（"h"），并把它保存在 firstCharacter 中（使用 0 来获取第一个字符）。然后，在 ❹ 处，创建了 firstCharacter 的大写版本（"H"），把它命名为 firstCharacterUpper。

在 ❺ 处，使用 slice 获取 lowerString 中从第 2 个字符开始的所有字符（"ello there, how are you doing？"），把它保存到 restOfString 中。最后，在 ❻ 处，把 firstCharacterUpper（"H"）和 restOfString 连接到一起，得到 "Hello there, how are you doing？"。

因为值和变量之间彼此都可以替换，所以可以把 ❷ 到 ❻ 行合并为一行，如下所示：

```
var sillyString = "hELlo THERE, hOW ARE yOu doINg?";
sillyString[0].toUpperCase() + sillyString.slice(1).toLowerCase();
"Hello there, how are you doing?"
```

然而，按照这种方式编写代码，容易令人混淆。所以，对于复杂任务的每一步都使用变量，这是个好主意，至少在你更习惯于阅读此类复杂代码之前是这样。

2.4 Boolean

现在来介绍 Boolean 类型。Boolean 只有一个值，不是 true（真）就是 false（假）。例如，一个简单的布尔表达式如下所示：

```
var javascriptIsCool = true;
javascriptIsCool;
true
```

这个示例中，我们创建了一个新的名为 javascriptIsCool 的变量，并且把 Boolean 值 true 赋给它。在下一行中，我们得到 javascriptIsCool 的值，当然是 true。

2.4.1 逻辑操作符

就像可以用算术操作符（+、-、*、/ 等）把数字组合起来一样，我们也可以用布尔操作符把布尔值组合起来。当用布尔操作符组合布尔值时，结果总是另一个布尔值（true 或 false）。

JavaScript 中的 3 个主要布尔操作符是 &&、|| 和！。它们看上去有点奇怪，但是稍加练习，用起来并不难。我们试试看。

&&（与）

&& 表示"与"。当读出声的时候，人们将其读作"and""andand"或者"and 符和 and 符"（and 符是字符 & 的名字）。使用 && 操作符来判断两个布尔值是否都为真。

例如，在去学校前，你想要确认是否已经洗澡并背上书包。如果两者都为真，就可以去上学，如果有一个为假或者两个都为假，就不能离开家门。

```
var hadShower = true;
var hasBackpack = false;
hadShower && hasBackpack;
false
```

这里，把变量 hadShower 设置为 true，把变量 hasBackpack 设置为 false。当输入 hadShower && hasBackpack 时，实际上是在问 JavaScript "这两个值都

是 true 吗？”。既然它们不是都为 true（没有背上书包），那么 JavaScript 会返回 false（还没有为上学做好准备）。

再试一次，这次把两个值都设置为 true：

```
var hadShower = true;
var hasBackpack = true;
hadShower && hasBackpack;
true
```

JavaScript 现在告诉我们 hadShower && hasBackpack 为 true。你已经为上学做好了准备。

||（或）

布尔操作符 || 表示“或”，可以读作“or”“or-or”，但也有人称之为“管道符”，因为程序员将 | 字符称为管道。使用该操作符可以判断两个布尔值中是否有一个为真。

例如，假设还是准备去上学，需要带一份水果作为午餐，但是既可以带苹果，也可以带橙子，或者两者都带。可以用 JavaScript 判断是否至少带了一份水果，如下所示：

```
var hasApple = true;
var hasOrange = false;
hasApple || hasOrange;
true
```

如果 hasApple 是 true 或者 hasOrange 是 true，或者两个都是 true，则 hasApple || hasOrange 为 true。但是如果两个都是 false，则结果为 false（没有带任何水果）。

！（非）

！表示“非”。可以称之为“not”，但很多人称之为“惊叹号”。使用它把假转换成真，或者把真转换成假。这对于值的取反很有帮助。例如：

```
var isWeekend = true;
var needToShowerToday = !isWeekend;
needToShowerToday;
false
```

这个示例中，把变量 isWeekend 设置为 true。然后，把变量 needToShower Today 设置为！isWeekend。"非"把这个值转换成它的相反值，所以如果 isWeekend 是 true，那么！isWeekend 就是 false。所以，当查看 needToShowerToday 的值时，会得到 false（今天不需要洗澡，因为今天是周末）。

因为 needToShowerToday 是 false，所以！needToShowerToday 就会为 true。

```
needToShowerToday;
false
!needToShowerToday;
true
```

换句话讲，你今天真的不需要洗澡。

组合逻辑操作符

当把逻辑操作符组合到一起时，它们变得有趣起来。例如，今天不是周末，需要去上学，你已经洗了澡并且带了一个苹果或者一个橙子。我们可以用 JavaScript 来检测所有这些是否为真，如下所示：

```
var isWeekend = false;
var hadShower = true;
var hasApple = false;
var hasOrange = true;
var shouldGoToSchool = !isWeekend && hadShower && (hasApple || hasOrange);
shouldGoToSchool;
true
```

在这个示例中，今天不是周末，你已经洗了澡，你没有带苹果但是带了一个橙子，所以你可以上学去了。

hasApple || hasOrange 放在圆括号中，因为我们想要 JavaScript 确保这部分先执行。就像 JavaScript 会先计算 * 再计算 + 一样，在逻辑语句中，也会先计算 && 再计算 ||。

2.4.2 用 Boolean 比较数字

可以用布尔值回答一些答案为 yes 或 no 的简单的关于数字的问题。例如，假设我们经营一个主题公园，其中一项游乐设施有身高限制：乘客的身高至少要 60 英寸，否则他们可能会掉下来！当有人想要玩这个设施

并且说出其身高时，我们需要知道该身高是否大于最低身高限制。

大于

可以使用大于符号（>）来判断一个数字是否大于另一个数字。例如，判断乘客的身高（65 英寸）是否大于身高限制（60 英寸），可以把变量 height 设置为 65，把变量 heightRestriction 设置为 60，然后使用 > 符号比较两个数字：

```
var height = 65;
var heightRestriction = 60;
height > heightRestriction;
true
```

使用 height > heightRestriction，要求 JavaScript 告诉我们，第一个值是否大于第二个值。在这个示例中，乘客的身高足够高。

如果乘客的身高恰好是 60 英寸，那要怎么办?

```
var height = 60;
var heightRestriction = 60;
height > heightRestriction;
false
```

哦，不! 乘客不够高。但是，如果身高限制是 60，那么 60 英寸高的人难道不应该允许进入吗? 我们需要修改这个条件。好在 JavaScript 有另一个操作符表示"大于或等于"。

```
var height = 60;
var heightRestriction = 60;
height >= heightRestriction;
true
```

非常棒——60 大于或等于 60。

小于

和大于操作符（>）相反的是小于操作符（<）。如果把游乐设施设计为只供小朋友乘坐，那么小于符号就可以派上用场。例如，假设该乘客的身高是 60 英寸，但是游乐设施对乘客的限制是不得超过 48 英寸：

```
var height = 60;
var heightRestriction = 48;
height < heightRestriction;
false
```

如果想要知道乘客的身高是否小于限制高度，就使用 < 符号。因为 60 不小于 48，所以我们得到 false（乘客的身高是 60 英寸，对于这个游乐设施来说，他太高了）。

你可能猜到了，也可以使用 <= 操作符，它表示"小于或等于"：

```
var height = 48;
var heightRestriction = 48;
height <= heightRestriction;
true
```

身高为 48 英寸的乘客仍然允许乘坐。

等于

要搞清楚两个数字是否相等，使用三个等号（===），它的含义是"等于"。但是要注意三个等号（===）与一个等号（=）的区别，因为 === 表示"这两个数字相等吗？"，而 = 表示"把右边的值保存到左边的变量中"。换句话讲，=== 是问一个问题，而 = 是把一个值赋给变量。

当使用 = 时，变量名必须放在左边，想要保存到变量中的值必须放在右边。而另一方面，=== 只是用来比较两个值是否相等，所以值放在哪一边都无所谓。

例如，假设你正在和朋友 Chico、Harpo 和 Groucho 玩游戏，看看谁能猜到你的神秘数字 5。为了使游戏变得简单，可以告诉朋友们，这个数字在 1 到 9 之间，然后再开始猜数字。首先，设置 mySecretNumber 等于 5。你的第一位朋友 Chico 猜的是 3（chicoGuess）。看看接下来会发生什么：

```
var mySecretNumber = 5;
var chicoGuess = 3;
mySecretNumber === chicoGuess;
false
var harpoGuess = 7;
mySecretNumber === harpoGuess;
false
var grouchoGuess = 5;
mySecretNumber === grouchoGuess;
true
```

变量 mySecretNumber 把神秘数字保存起来。变量 chicoGuess、harpoGuess

和 grouchoGuess 表示朋友们猜测的数字，使用 === 来判断每次所猜测的数字是否与神秘数字相等。第 3 位朋友 Groucho 猜对了，答案是 5。

当使用 === 判断两个数字时，只有两个数字相等才会得到 true。因为 grouchoGuess 是 5，而 mySecretNumber 也是 5，所以 mySecretNumber === grouchoGuess 返回 true。其他的猜测都和 mySecretNumber 不相等，所以返回的都是 false。

也可以使用 === 比较两个字符串或者两个布尔类型。如果使用 === 比较两种不同的类型，例如，比较字符串和数字，总会返回 false。

两个等号

还有一点容易让人搞混淆，就是另一个 JavaScript 操作符 ==（两个等号）。使用它来判断两个值是否相等，即使一个值是字符串，另一个值是数字，也可以比较。所有值都有类型。所以数值 5 和字符串 "5" 是不同的，即使它们看上去是一样。如果使用 === 来比较数值 5 和字符串 "5"，JavaScript 会告诉我们，它们是不相等的。但是，如果使用 == 来比较这两个值，JavaScript 会告诉我们，它们是相等的。

```
var stringNumber = "5";
var actualNumber = 5;
stringNumber === actualNumber;
false
stringNumber == actualNumber;
true
```

关于这一点，你可能会认为："看上去使用两个等号要比三个等号更容易一些。"然而，一定要小心，因为两个等号可能很容易令人混淆。例如，你认为 0 会等于 false 吗？字符串 "false" 会等于 false 吗？当使用两个等号时，0 等于 false，但是字符串 "false" 不等于 false。

```
0 == false;
true
"false" == false;
false
```

这是因为，当 JavaScript 试图用 == 比较两个值时，首先会尝试把这两个值当作相同的类型。这种情况下，它把布尔值转换成一个数字。如果把布尔值转换成数字，false 就变成了 0，true 变成了 1。所以，当输入 0 == false 时，你会得到 true。

因为这个怪异的原因，目前请坚持使用 ===。

2.5 undefined 和 null

最后，还有不属于任何特殊情况的两个值。它们是 undefined 和 null。用它们来表示"没有"，但是，它们之间略有不同。

JavaScript 使用 undefined 表示没有值。例如，当创建了一个新的变量，如果没有使用 = 操作符为它赋值，那么它的值就是 undefined：

```
var myVariable;
myVariable;
undefined
```

当想要刻意表达"这是空的"时，通常使用 null。

```
var myNullVariable = null;
myNullVariable;
null
```

目前，我们不会经常使用 undefined 或 null。如果创建了一个新的变量，并且没有为它赋值，就会看到 undefined，因为 undefined 就是变量没有值时

JavaScript 总会返回的内容。很少会把什么东西设置为 undefined；如果你想要把一个变量设置为"没有"，应该使用 null。

只有当你确实想要表示这里没有什么内容时，才会使用 null，这一用法偶尔也是很有帮助的。例如，假设你使用一个变量来记录喜欢的蔬菜。如果你讨厌所有的蔬菜，没有一样蔬菜是你喜欢的，那么你可能会把这个表示喜欢的蔬菜的变量设置为 null。

把这个变量设置为 null，会很明确地让读取代码的人知道你没有喜欢的蔬菜。然而，如果该变量是 undefined，别人可能只是认为你还没有来得及为它设置一个值。

2.6 本章小结

现在，我们已经知道 JavaScript 中所有的数据类型了——数字类型、字符串类型和布尔类型，还有特殊值 null 和 undefined。数字类型用于处理与数学相关的事情，字符串类型用于处理文本，布尔类型用于表示答案为 yes 或 no 的问题。null 和 undefined 是表示某些东西不存在的一种方法。

在接下来的两章中，我们会学习数组和对象，它们是连接基本类型以创建值较为复杂的集合的两种方法。

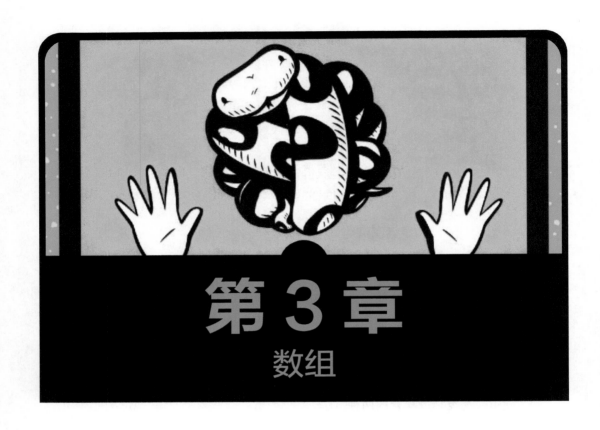

第 3 章
数组

　　到目前为止，我们已经学习了数字和字符串，它们是可以在程序中保存和使用的数据类型。但是，数字和字符串也有令人烦恼之处。用一个字符串本身所能做的事情并不多。JavaScript 允许我们使用数组，以较为有趣的方式来创建数据并把它们组合在一起。数组只是其他的 JavaScript 数据值的一个列表。

例如，如果有朋友问你最喜欢哪三种恐龙，你就可以依次用这些恐龙的名字来创建一个数组：

```
var myTopThreeDinosaurs = ["T-Rex", "Velociraptor", "Stegosaurus"];
```

于是，可以使用一个单个的数组 myTopThreeDinosaurs，而不是给朋友 3 个单独的字符串。

3.1　为什么要学习数组

还是以恐龙为例。假设想要使用一个程序来记录你所知道的众多的恐龙类型。可以像下面这样为每种恐龙创建一个变量：

```
var dinosaur1 = "T-Rex";
var dinosaur2 = "Velociraptor";
var dinosaur3 = "Stegosaurus";
var dinosaur4 = "Triceratops";
var dinosaur5 = "Brachiosaurus";
var dinosaur6 = "Pteranodon";
var dinosaur7 = "Apatosaurus";
var dinosaur8 = "Diplodocus";
var dinosaur9 = "Compsognathus";
```

然而，这个列表很不好用，因为你可能只需要一个变量，但是现在却有 9 个不同的变量。想象一下，如果你要记录 1000 种恐龙呢？你需要创建 1000 个不同的变量，这几乎是不可能完成的工作。

这就像你有一个购物列表，但是每一项都在单独的一页纸上。你在一张纸上记下"鸡蛋"，而在另一张纸上记下"面包"，在另外一页纸上记下"橙子"。大部分人会把想要购买的所有东西的列表都记录到一张纸上。如果把 9 种恐龙都放在一起，难道不是更简单一些吗？你可以做到这一点，而这就是数组的用武之地。

3.2 创建数组

创建数组只需要使用方括号 [] 即可。实际上，一个空的数组只是一对方括号而已，如下所示：

```
[];
[]
```

但是，谁会关心一个空的数组呢？让我们用恐龙来填充这个数组。

要创建一个带有值的数组，在方括号中输入用逗号隔开的值。可以把数组中单个的值称为项或者元素。在这个示例中，元素是字符串（最喜欢的恐龙的名称），所以我们给它们加上引号。把数组保存在一个名为 dinosaurs 的变量中：

```
var dinosaurs = ["T-Rex", "Velociraptor", "Stegosaurus", ↵
"Triceratops", "Brachiosaurus", "Pteranodon", "Apatosaurus", ↵
"Diplodocus", "Compsognathus"];
```

> **注意** 这是一本书，而且页面也只有这么宽，所以我们无法把整个数组放在一行中。↵ 表示由于页面太窄，把代码放到另外的一行中。当你把这些代码录入到计算机中时，可以把它们录入到同一行中。

一行中放入很长的列表可能会很难阅读，不过好在不是只有一种方式来格式化（或布局）数组。也可以这样来格式化数组：在一行中放置一个开始的方括号，数组中的每个列表项占据一行，最后是一个结束方括号，如下所示：

```
var dinosaurs = [
  "T-Rex",
  "Velociraptor",
  "Stegosaurus",
  "Triceratops",
  "Brachiosaurus",
  "Pteranodon",
  "Apatosaurus",
  "Diplodocus",
  "Compsognathus"
];
```

如果你想把这么长的内容输入到浏览器的控制台中，换行时需要按住 Shift 键的同时按下 Enter 键。否则，JavaScript 解释器会认为你想要执行当前不完整的这一行。当我们在解释器中工作时，把数组写在一行中会更为容易。无论你是选择以一行还是多行的格式来表示数组，对于 JavaScript 都是一样的。在这个示例中，尽管我们使用了许多换行符，但是 JavaScript 只看到包含了 9 个字符串的一个数组。

3.3 访问数组元素

当访问数组中的元素时，使用方括号加上想要的元素索引，如下例所示：

```
dinosaurs[0];
"T-Rex"
dinosaurs[3];
"Triceratops"
```

索引是和数组中保存值的位置相对应（匹配）的数字。就像字符串一样，数组中第一个元素的索引是 0，第二个元素的索引是 1，第三个元素的索引是 2，以此类推。这就是为什么向 dinosaurs 数组查询索引 0 会返回 "T-Rex"（列表中的第 1 个），查询索引 3 会返回 "Triceratops"（列表中的第 4 个）。

能够访问数组中单独的元素，这非常有用。例如，如果想要向某人展示最喜欢的恐龙，不需要整个 dinosaurs 数组，相反，只需要待展示的第一个元素。

```
dinosaurs[0];
"T-Rex"
```

3.4　设置和修改数组中的元素

可以使用方括号中的索引来设置、修改甚至增加数组中的元素。例如，要用 "Tyrannosaurus Rex" 替换 dinosaurs 数组中的第一个元素 "T-Rex"，可以按照如下方式来做：

```
dinosaurs[0] = "Tyrannosaurus Rex";
```

完成之后，dinosaurs 数组看上去如下所示：

```
["Tyrannosaurus Rex", "Velociraptor", "Stegosaurus", "Triceratops",
"Brachiosaurus", "Pteranodon", "Apatosaurus", "Diplodocus",
"Compsognathus"]
```

也可以使用带索引的方括号来增加新的元素。例如，可以使用方括号分别设置每个元素以创建 dinosaurs 数组：

```
var dinosaurs = [];
dinosaurs[0] = "T-Rex";
dinosaurs[1] = "Velociraptor";
dinosaurs[2] = "Stegosaurus";
dinosaurs[3] = "Triceratops";
dinosaurs[4] = "Brachiosaurus";
dinosaurs[5] = "Pteranodon";
dinosaurs[6] = "Apatosaurus";
dinosaurs[7] = "Diplodocus";
dinosaurs[8] = "Compsognathus";

dinosaurs;
["T-Rex", "Velociraptor", "Stegosaurus", "Triceratops",
"Brachiosaurus", "Pteranodon", "Apatosaurus", "Diplodocus",
"Compsognathus"]
```

首先，用 var dinosaurs = [] 创建了一个空数组。然后，在接下来的每一行中，使用一系列的 dinosaurs[] 条目为列表添加一个值，从索引 0 一直到索引 8。一旦完成了这个列表，就可以查看这个数组（通过输入 dinosaurs；）。我们看到 JavaScript 按照索引顺序存储了所有的恐龙名称。

实际上，可以在任意的索引位置添加元素。例如，添加一个新的（虚构的）恐龙到索引 33，可以像下面这样编写：

```
dinosaurs[33] = "Philosoraptor";

dinosaurs;
["T-Rex", "Velociraptor", "Stegosaurus", "Triceratops",
"Brachiosaurus", "Pteranodon", "Apatosaurus", "Diplodocus",
"Compsognathus", undefined × 24 "Philosoraptor"]
```

　　从索引 8 到索引 33 之间的元素都没有定义。当输出这个数组时，Chrome 会告诉我们有个多少元素没有定义，而不是把它们都列出来。

3.5　数组中的混合数据类型

　　不是所有的数组元素都必须是相同的类型。例如，下面的数组包含一个数字（3）、一个字符串（"dinosaurs"）、一个数组（["triceratops"，"stegosaurus"，3627.5]）以及另一个数字（10）：

```
var dinosaursAndNumbers = [3, "dinosaurs", ["triceratops", ↵
"stegosaurus", 3627.5], 10];
```

　　要访问数组中的这个内嵌数组的单个元素，需要使用第二组方括号。例如，"dinosaursAndNumbers [2]；"返回的是整个内嵌数组，"dinosaursAndNumbers [2] [0]；"则只返回内嵌数组的第一个元素，即 "triceratops"。

```
dinosaursAndNumbers[2];
["triceratops", "stegosaurus", 3627.5]
dinosaursAndNumbers[2][0];
"triceratops"
```

　　当输入"dinosaursAndNumbers [2] [0]；"时，我们告诉 JavaScript 要查找 dinosaursAndNumbers 数组的第 2 个元素，该元素是数组 ["triceratops"，"stegosaurus"，3627.5]，然后返回该数组中索引为 0 的位置的值。索引 0 是第二个数组的第一个值，即 "triceratops"。这个数组的索引位置如图 3-1 所示。

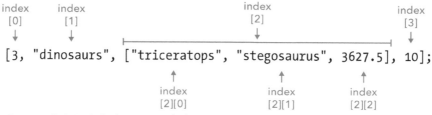

图 3-1　主数组的索引位置用红色表示，内嵌数组的索引用蓝色表示

3.6 使用数组

属性和方法帮助我们使用数组。属性通常会告诉我们关于数组的一些信息，方法通常会修改数组或者返回一个新的数组。我们来看一下。

3.6.1 查看数组的长度

有时候，知道数组中有多少个元素会很有帮助。例如，如果不断地向 dinosaurs 中添加恐龙，可能就会忘记有多少种恐龙。

数组的 length 属性告诉我们数组中有多少个元素。要查看数组的长度，只需要在数组的名称后边加上 .length 即可。来试试看。首先，创建带有 3 个元素的一个数组：

```
var maniacs = ["Yakko", "Wakko", "Dot"];
maniacs[0];
"Yakko"
maniacs[1];
"Wakko"
maniacs[2];
"Dot"
```

要查看数组的长度，在 maniacs 后边加上 .length：

```
maniacs.length;
3
```

JavaScript 告诉我们数组中有 3 个元素，已经知道它们的索引分别是 0、1 和 2。这给我们了一条有用的信息：数组中最后一个索引总是等于数组长度减去 1。这意味着，不管数组有多长，都有一种简单的方法来访问数组中最后一个元素：

```
maniacs[maniacs.length - 1];
"Dot"
```

这里，要求 JavaScript 返回数组中的一个元素。但是，并不是在方括号中输入一个索引值，而是使用了一点数学：数组的长度减 1。JavaScript 先查看 maniacs.length，得到 3；然后再减 1 得到 2。那么它就返回 maniac 数组中的最后一个索引（2）的元素——"Dot"。

3.6.2　为数组添加元素

　　要在数组的末尾添加元素，可以使用 push 方法。在数组名称后边加上 .push，后面跟着想要添加的元素，该元素放在圆括号中，如下所示：

```
var animals = [];
animals.push("Cat");
1
animals.push("Dog");
2
animals.push("Llama");
3
animals;
["Cat", "Dog", "Llama"]
animals.length;
3
```

　　这里，我们用 var animals = []；创建一个空数组，然后使用 push 方法把 "Cat" 添加到数组中。然后，我们再次使用 push 来添加 "Dog"，然后是 "Llama"。当显示 animals；时，我们看到数组中已经添加了 "Cat"、"Dog" 和 "Llama"，这和输入的顺序是一致的。

　　在计算机中，运行方法的行为叫作方法调用。当调用 push 方法时，会发生两件事情。首先，把圆括号中的元素添加到数组中。其次，返回数组新的长度。这就是为什么每次调用 push 方法，都会看到输出一个数字。

　　要在数组的起始位置添加元素，可以使用 .unshift（element），如下所示：

```
 animals;
 ["Cat", "Dog", "Llama"]
❶ animals[0];
 "Cat"
 animals.unshift("Monkey");
 4
 animals;
 ["Monkey", "Cat", "Dog", "Llama"]
 animals.unshift("Polar Bear");
 5
 animals;
 ["Polar Bear", "Monkey", "Cat", "Dog", "Llama"]
 animals[0];
 "Polar Bear"
❷ animals[2];
 "Cat"
```

这里，先来看使用过的数组 ["Cat", "Dog", "Llama"]。然后，我们用 unshift 把元素 "Monkey" 和 "Polar Bear" 添加到数组的起始位置，每一次原有的值都会向后顺延一个索引位置。所以 "Cat" 最初的索引是 0❶，现在的索引是 2❷。

每次调用 unshift，也会返回数组新的长度，就像 push 一样。

3.6.3　从数组中删除元素

要从数组中删除最后一个元素，可以在数组名称末尾添加 .pop() 来弹出该元素。pop 方法非常方便，因为它做了两件事情：删除最后一个元素，并且将其作为返回值返回。例如，先来看数组 animals ["Polar Bear", "Monkey", "Cat", "Dog", "Llama"]。这会创建一个名为 lastAnimal 的新变量，通过调用 animals.pop()，把最后一个动物保存到该变量中。

```
animals;
["Polar Bear", "Monkey", "Cat", "Dog", "Llama"]
```
❶
```
var lastAnimal = animals.pop();
lastAnimal;
"Llama"
animals;
["Polar Bear", "Monkey", "Cat", "Dog"]
```
❷
```
animals.pop();
"Dog"
animals;
["Polar Bear", "Monkey", "Cat"]
```
❸
```
animals.unshift(lastAnimal);
4
animals;
["Llama", "Polar Bear", "Monkey", "Cat"]
```

　　当在 ❶ 处调用 animals.pop() 时，会返回 animals 数组中最后一个元素 "Llama"，并将其保存到变量 lastAnimal 中。这还会把 "Llama" 从数组中删除，数组中只剩下 4 种动物。当在 ❷ 处调用 animals.pop() 时，会把 "Dog" 从数组中删除并将其返回，数组中只剩下 3 种动物。

　　当使用 animal.pop() 删除 "Dog" 时，并没有把它保存到变量中，所以这个值没有保存到任何地方。另一方面，把 "Llama" 保存到了变量 lastAnimal 中，所以当需要的时候还可以使用它。在 ❸ 处，使用 unshift（lastAnimal）把 "Llama" 重新添加到这个数组的前边。最终，得到的数组是 ["Llama"，"Polar Bear"，"Monkey"，"Cat"]。

　　push 和 pop 是一对有用的方法，因为有时我们只关心数组的末尾。可以把一个新的元素 push 到数组中，然后当准备使用它时，再把它 pop 出来。在本章剩余的部分，我们会看到使用 push 和 pop 的很多种方法。

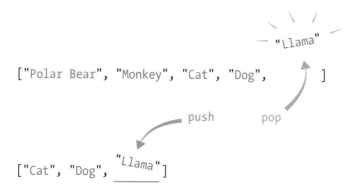

要删除并返回数组中的第一个元素，使用 .shift()：

```
animals;
["Llama", "Polar Bear", "Monkey", "Cat"]
var firstAnimal = animals.shift();
firstAnimal;
"Llama"
animals;
["Polar Bear", "Monkey", "Cat"]
```

animals.shift() 做了和 animals.pop() 同样的事情，只不过它是对开始元素做这些事情。在这个示例开始时，animals 是［"Llama"，"Polar Bear"，"Monkey"，"Cat"］。当调用数组的 .shift() 时，返回了第一个元素 "Llama"，并且把它保存在 firstAnimal 中。因为 .shift() 删除并且返回了第一个元素，所以 animals 最终只剩下［"Polar Bear"，"Monkey"，"Cat"］。

可以使用 unshift 和 shift，从数组的开始处添加或删除元素，就像使用 push 和 pop 从数组的末尾处添加和删除元素一样。

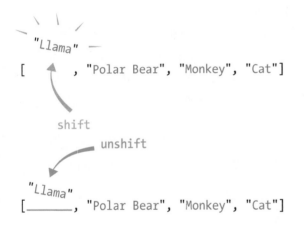

3.6.4 数组相加

要把两个数组加在一起生成一个新的、单个的数组，可以使用 firstArray.concat（otherArray）。术语 concat 是 concatenate 的简写，是表示把两个值连接到一起的计算机术语。concat 方法把两个数组组合成一个新的数组，firstArray 中的值添加到了 otherArray 中的值前面。

例如，假设有两个列表，一个是长毛的动物，另一个是长鳞的动物，现在想把它们合并到一起。假设把所有长毛的动物放在名为 furryAnimals 的数组中，把所有长鳞的动物放在名为 scalyAnimals 的数组中，输入 furryAnimals.concat（scalyAnimals），就会创建一个新的数组，其中前边是第一个数组中的值，后边是第二个数组中的值。

```
var furryAnimals = ["Alpaca", "Ring-tailed Lemur", "Yeti"];
var scalyAnimals = ["Boa Constrictor", "Godzilla"];
var furryAndScalyAnimals = furryAnimals.concat(scalyAnimals);
furryAndScalyAnimals;
["Alpaca", "Ring-tailed Lemur", "Yeti", "Boa Constrictor", "Godzilla"]
furryAnimals;
["Alpaca", "Ring-tailed Lemur", "Yeti"]
scalyAnimals;
["Boa Constrictor", "Godzilla"]
```

即便 firstArray.concat（otherArray）返回了包含 firstArray 和 secondArray 中所有元素的一个数组，但并没有修改最初的数组。当查看 furryAnimals 和 scalyAnimals 时，会发现它们和创建时是一样的。

连接多个数组

可以使用 concat 把多个数组连接到一起。只需要把其他的数组放在圆括号之内，数组之间用逗号隔开：

```
var furryAnimals = ["Alpaca", "Ring-tailed Lemur", "Yeti"];
var scalyAnimals = ["Boa Constrictor", "Godzilla"];
var featheredAnimals = ["Macaw", "Dodo"];
var allAnimals = furryAnimals.concat(scalyAnimals, featheredAnimals);
allAnimals;
["Alpaca", "Ring-tailed Lemur", "Yeti", "Boa Constrictor", "Godzilla",
"Macaw", "Dodo"]
```

这里把 featheredAnimals 中的值添加到新数组的最末尾，因为在 concat 方法后边的圆括号中，该数组放在了最后。

当想要把多个数组组合成一个数组时，concat 很有用。例如，假设你有一个最喜欢的图书列表，你的朋友也有一个最喜欢的图书列表，你想要看看在书店能否一次买到所有这些书。要是只有一个图书列表，会更容易一些。现在，你要做的只是把自己的列表和朋友的列表 concat 在一起，仅此而已！一个图书列表就够了。

3.6.5 查找数组中单个元素的索引

要查找数组中单个元素的索引，使用 .indexOf（element）。这里，我们定义了数组 colors，然后使用 colors.indexOf（"blue"）和 colors.indexOf（"green"）来获取 "blue" 和 "green" 的索引位置。因为数组中 "blue" 的索引是 2，所以 colors.indexOf（"blue"）返回 2。数组中 "green" 的索引是 1，所以 colors. indexOf（"green"）返回 1。

```
var colors = ["red", "green", "blue"];
colors.indexOf("blue");
2
colors.indexOf("green");
1
```

indexOf 就像是使用方括号获取特定索引位置的值的反向操作，colors [2] 是 "blue"，所以 .indexOf（"blue"）是 2：

```
colors[2];
"blue"
colors.indexOf("blue");
2
```

尽管 "blue" 位于数组中的第 3 个位置，但它的索引位置还是 2，因为我们总是从 0 开始计数。这同样适用于 "green"，当然，它的索引是 1。

如果要找的元素不在数组中，JavaScript 返回 -1。

```
colors.indexOf("purple");
-1
```

尽管 JavaScript 仍然返回了一个数字，但它通过这种方式表示"这里不存在该元素"。

如果数组中有多个该元素，indexOf 方法会返回该元素在数组中的第一个索引位置。

```
var insects = ["Bee", "Ant", "Bee", "Bee", "Ant"];
insects.indexOf("Bee");
0
```

3.6.6 把数组转换成字符串

可以使用 .join() 把数组中所有的元素连接到一起，形成一个大字符串。

```
var boringAnimals = ["Monkey", "Cat", "Fish", "Lizard"];
boringAnimals.join();
"Monkey,Cat,Fish,Lizard"
```

当调用一个数组的 join 方法时，它会返回包含所有元素的一个字符串，元素之间用逗号隔开。但是，如果不想要使用逗号作为分隔符，那该怎么办？

可以使用 .join（分隔符）来做同样的事，其中使用你自己所选择的分隔符。分隔符是放在圆括号中的任意字符串。例如，可以使用三种不同的分隔符：两边有空格的横线、星号以及两边有空格的单词 sees。要注意的是，需要为分隔符加上引号，因为分隔符是一个字符串。

```
var boringAnimals = ["Monkey", "Cat", "Fish", "Lizard"];
boringAnimals.join(" - ");
"Monkey - Cat - Fish - Lizard"
boringAnimals.join("*")
"Monkey*Cat*Fish*Lizard"
boringAnimals.join(" sees ")
"Monkey sees Cat sees Fish sees Lizard"
```

如果有一个数组想要转换成一个字符串，join 函数会很有用。假设有很多人的中间名（middle name），并且把他们和名与姓都保存到了一个数组中。可能会要求你把全名以一个字符串的形式给出。使用 join，用空格作为分隔符，把所有名字连接到一起，组成一个字符串：

```
var myNames = ["Nicholas", "Andrew", "Maxwell", "Morgan"];
myNames.join(" ");
"Nicholas Andrew Maxwell Morgan"
```

如果不想使用 join，就得像下面这样输入，这会令人厌烦：

```
myNames[0] + " " + myNames[1] + " " + myNames[2] + " " + myNames[3];
"Nicholas Andrew Maxwell Morgan"
```

而且，这段代码只适用于有两个中间名的情况。如果有一个或者三个中间名，就必须修改代码。使用 join，不需要做任何修改，它会把数组中所有的元素输出成一个字符串，而不管数组有多长。

如果数组的值不是字符串，在把它们组合到一起之前，JavaScript 会先把它们转换成字符串。

```
var ages = [11, 14, 79];
ages.join(" ");
"11 14 79"
```

3.7 数组的用途

现在，我们已经介绍了创建数组和使用数组的许多不同方法。但是，用这些属性和方法实际上可以做些什么呢？在本节中，我们要编写一个小程序来展示数组所能做的一些有用的事情。

3.7.1 找到回家的路

场景是这样的：你的朋友已经来过你家，现在，她想要向你展示她的家。问题是，之前你从未去过她家，稍后你必须要自己找到回家的路。

好在，有一个好办法来帮助你解决这个难题：在去朋友家的路上，把路上看到的所有路标都记录到一个列表中。在回家的路上，逆序地遍历这个列表，每次路过一个路标，就会检查列表末尾的元素，以便知道接下来该怎么走。

用 push 创建数组

让我们编写一些代码来实现这个场景。先来创建一个空的数组。以空数组作为开始，是因为在你真正开始动身去朋友家之前，并不知道会看到哪些路标。之后，把去朋友家路途中的每个路标的描述都 push 到数组的末尾。然后，当回家的时候，从数组中 pop 出每个路标。

```
var landmarks = [];
landmarks.push("My house");
landmarks.push("Front path");
landmarks.push("Flickering streetlamp");
landmarks.push("Leaky fire hydrant");
landmarks.push("Fire station");
landmarks.push("Cat rescue center");
landmarks.push("My old school");
landmarks.push("My friend's house");
```

在这里，创建了一个名为 landmarks 的空数组，然后使用 push 把去朋友家路过的所有路标都保存在 landmarks 中。

用 pop 逆向遍历

一旦当你到达朋友家，就可以查看 landmarks 数组了。果然，第一个元素是 "My house"，后边是 "Front path"，依次类推，直到数组的末尾，最后一个元素是 "My friend's house"。当要回家的时候，所需要做的就是一个接一个地 pop 出这些元素，就知道接下来要怎么走了。

```
landmarks.pop();
"My friend's house"
landmarks.pop();
"My old school"
landmarks.pop();
"Cat rescue center"
landmarks.pop();
"Fire station"
landmarks.pop();
"Leaky fire hydrant"
landmarks.pop();
"Flickering streetlamp"
landmarks.pop();
"Front path"
landmarks.pop();
"My house"
```

喔，终于回到家了!

你注意了吗? 第一个放入到数组中的路标是最后一个取出来的，而最后一个放入到数组中的路标是第一个取出来的。你可能会认为，最先放入的元素总是会想要最先取出，但是你会看到，有时候逆向遍历数组也很有用。

在较大一些的程序中，使用这样的过程实际上很常见，这就是为什么 JavaScript 会把 push 和 pop 设计得如此简单。

注意　这种技术在计算机语言中叫作栈（stack）。可以把它想象成一堆煎饼。每次你做一个新的煎饼，就会把它放在最上边（就像 push 一样），每次吃掉一个，就从最上边拿掉它（就像 pop）。从栈中弹出就像是时光倒流：最后 pop 出来的元素就是最先 push 进去的元素。这与摊煎饼一样：吃的最后一个煎饼是最先做出来的。用编程的术语来讲，这叫作后进先出（Last In, First Out, LIFO）。与 LIFO 相对的是先进先出（First In, First Out, FIFO），也叫作队列（queue），因为它就像人们在排队一样。队列中的第一个人是第一个得到服务的人。

3.7.2 决策者程序

在 JavaScript 中，我们可以使用数组来创建一个做决定的程序（就像 Magic 8-Ball 一样）。然而，首先需要知道获取随机数字的方法。

使用 Math.random()

可以使用一个名为 Math.random() 的方法来生成随机数字，每次调用它，都会返回 0 到 1 之间的一个随机数。如下面的例子所示：

```
Math.random();
0.8945409457664937
Math.random();
0.3697543195448816
Math.random();
0.48314980138093233
```

要注意的很重要的一点就是，Math.random() 总是返回小于 1 的数字，而从不会返回 1。

如果想要更大的数字，只需要把 Math.random() 的结果乘以一定的倍数。例如，如果想要得到 0 到 10 之间的数字，只需要把 Math.random() 和 10 相乘。

```
Math.random() * 10;
7.648027329705656
Math.random() * 10;
9.7565904534421861
Math.random() * 10;
0.21483442978933454
```

用 Math.floor() 取整

然而，我们无法使用这些数字作为数组的索引，因为索引必须是整数。

要满足这个要求，需要使用另一个名为 Math.floor() 的方法。它会让数字只保留整数部分（放弃小数点后边的数字）。

```
Math.floor(3.7463463);
3
Math.floor(9.9999);
9
Math.floor(0.793423451963426);
0
```

可以把这两种技术组合到一起，以创建一个随机索引。需要做的就是把 Math.random() 和数组的长度相乘，然后对该值调用 Math.floor()。例如，这个数组的长度是 4，可以这样来做：

```
Math.floor(Math.random() * 4);
2 // could be 0, 1, 2, or 3
```

每次调用上面的代码，都会返回一个 0 到 3 之间的随机数（包括 0 和 3）。因为 Math.random() 总是返回小于 1 的一个值，所以 Math.random() * 4 永远不会返回 4 或大于 4 的数字。

现在，如果使用该随机数作为一个索引，就可以从数组中随机地选择一个元素。

```
var randomWords = ["Explosion", "Cave", "Princess", "Pen"];
var randomIndex = Math.floor(Math.random() * 4);
randomWords[randomIndex];
"Cave"
```

这里使用 Math.floor（Math.random() * 4）；来获取 0 到 3 之间的一个随机数字。一旦把随机数保存到 randomIndex 变量中，就可以使用它作为索引，从 randomWords 数组中获取字符串。

实际上，可以完全把 randomIndex 变量省略掉，只写成：

```
randomWords[Math.floor(Math.random() * 4)];
"Princess"
```

完整的决策者程序

现在，创建短语的数组，然后可以使用代码来获取一个随机的短语。这就是决策者程序！在这里，使用注释来展示你可能会对计算机提出的一些问题。

```
var phrases = [
  "That sounds good",
  "Yes, you should definitely do that",
  "I'm not sure that's a great idea",
  "Maybe not today?",
  "Computer says no."
];
// Should I have another milkshake?
phrases[Math.floor(Math.random() * 5)];
"I'm not sure that's a great idea"
// Should I do my homework?
phrases[Math.floor(Math.random() * 5)];
"Maybe not today?"
```

创建了一个名为 phrases 的数组，它用来保存一些不同的建议。现在，每次有了问题，就可以从 phrases 数组中获取一个随机的值，它会帮助我们做一个决定！

注意，因为决策数组有 5 个元素，所以 Math.random() 要乘以 5。这样就会总是返回 5 个索引位置之一：0、1、2、3 或 4。

3.7.3 创建一个随机句子生成器

我们把决策者示例扩展为一个程序，每次运行它都会生成一个句子。

```
  var randomBodyParts = ["Face", "Nose", "Hair"];
  var randomAdjectives = ["Smelly", "Boring", "Stupid"];
  var randomWords = ["Fly", "Marmot", "Stick", "Monkey", "Rat"];

  // Pick a random body part from the randomBodyParts array:
❶ var randomBodyPart = randomBodyParts[Math.floor(Math.random() * 3)];
  // Pick a random adjective from the randomAdjectives array:
❷ var randomAdjective = randomAdjectives[Math.floor(Math.random() * 3)];
  // Pick a random word from the randomWords array:
❸ var randomWord = randomWords[Math.floor(Math.random() * 5)];
  // Join all the random strings into a sentence:
  var randomInsult = "Your " + randomBodyPart + " is like a " + ↵
  randomAdjective + " " + randomWord + "!!!";
  randomInsult;
  "Your Nose is like a Stupid Marmot!!!"
```

这里有三个数组，在 ❶、❷ 和 ❸ 处，使用 3 个索引从每个数组中获取一个随机的单词。然后把它们全部组合到 randomInsult 变量中，生成了一个完整的句子。在 ❶ 和 ❷ 处，将其乘以 3，因为 randomAdjectives 和 randomBodyParts 都包含了 3 个元素。而在 ❸ 处，乘以 5，因为 randomWords 有 5 个元素。请注意，在 randomAdjective 和 randomWord 之间加了一个空格字符。试着多运行几次这段代码，每次都会得到一个随机的句子。

试试看

如果你真想要变得更聪明，可以用下面这行代码代替 ❸ 处的代码：

```
var randomWord = randomWords[Math.floor(Math.random() * ↵
randomWords.length)];
```

我们知道 Math.random() 总是需要乘以数组的长度，所以使用 randomWords.length，这意味着即使数组长度改变了，也不需要修改代码。

如下是创建随机句子的另一种方法：

```
var randomInsult = ["Your", randomBodyPart, "is", "like", "a", ↵
randomAdjective, randomWord + "!!!"].join(" ");
"Your Hair is like a Smelly Fly!!!"
```

在这个示例中，句子中的每个单词都是数组中的一个单独的字符串，我们通过空格字符把它们连接在一起。只有一个位置不想要空格，就是在随机数 randomWord 和 "！！！" 之间。这个示例中，使用 + 操作符来连接之间没有空格的两个字符串。

3.8　本章小结

JavaScript 数组是把列表中的值保存起来的一种方法。现在，我们学习了如何创建和使用数组，以及访问数组元素的许多方法。

数组是 JavaScript 为我们提供的一种方法，可以把多个值一起放入到一个位置中。在下一章中，我们会介绍对象，这是把多个值存储为一个单元的另一种方法。对象使用字符串键而不是数字索引来访问元素。

3.9 编程挑战

尝试一下这些挑战，以练习在本章中所学习的技巧。

#1：新的句子

用自己的词语来生成一个自己的句子生成器。

#2：更复杂的句子

扩展这个句子生成器，让它可以生成像 "Your ［body part］ is more ［adjective］ than a ［animal］'s ［animal body part］." 这样的句子。（提示：需要创建另一个数组。）

#3：使用 + 还是 join？

编写两个版本的随机句子生成器：一个使用 + 操作符来创建字符串，另一个创建一个数组并且用 join 和 " " 把它连接成一个字符串。你愿意选择哪一个？为什么？

#4：连接数字

如何使用 join 方法把数组 ［3，2，1］转换成字符串 "3 is bigger than 2 is bigger than 1"？

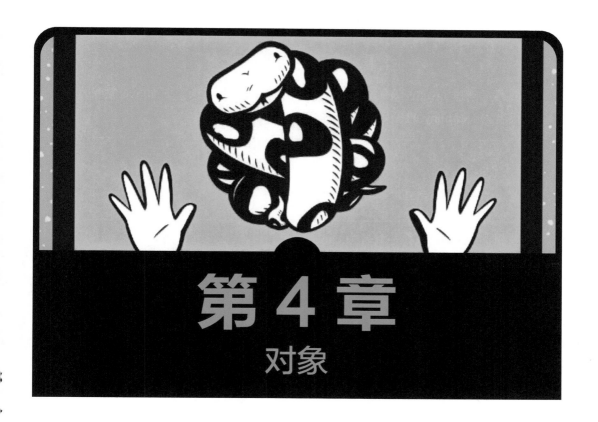

第 4 章
对象

　　JavaScript 中的对象和数组非常类似，但是对象使用字符串而不是数字来访问不同的元素。这个字符串叫作键（key）或者属性（property），它所指向的元素叫作值。把这两种信息结合在一起叫作键 – 值对。数组最常用于表示多个事物的列表，而对象经常用于表示具有多个特征或属性的单个事物。例如，在第 3 章中，我们生成了列出不同动物名称的几个数组。但是，如果想要保存一种动物的多条不同信息，该怎么办？

4.1 创建对象

我们通过创建 JavaScript 对象来保存一种动物的许多信息。下面的对象保存了一只名为 Harmony 的三只脚的猫的信息。

```
var cat = {
  "legs": 3,
  "name": "Harmony",
  "color": "Tortoiseshell"
};
```

在这里，我们创建了一个名为 cat 的变量，并把带有 3 个键—值对的对象赋值给它。要创建对象，需要使用花括号｛｝，而不是用于生成数组的方括号。在花括号中，输入键—值对。把花括号以及其中的内容叫作对象字面值（object literal）。对象字面值是通过一次性写出完整的对象来创建对象的一种方法。

> **注意**　我们还介绍过数组字面值（例如［"a", "b", "c"］）、数字字面值（例如 37）、字符串字面值（例如 "moose"）和布尔字面值（例如 true 和 false）。字面值只是表示整个值都是一次性写出来的，而不是分多个步骤构建的。
>
> 例如，如果想要生成包含数字 1、2 和 3 的一个数组，可以使用数组字面值［1, 2, 3］。也可以创建一个空数组，然后使用 push 方法把 1、2 和 3 加入到数组中。我们并不总是一开始就知道数组或对象中要放入什么，这就是为什么不能总是使用字面值来创建数组和对象。

图 4-1 展示了创建对象的基本语法。

当创建对象时，冒号（:）前边放的是键，冒号（:）后边放的是值。冒号的作用有点像是等号，就像创建变量的时候一样，把冒号右边的值赋给左边的名称。每个键-值对之间，必须放一个逗号。在我们的示例中，逗号放在行的末尾，不过请注意，最后一个键-值对（color: "Tortoiseshell"）的后边不需要逗号。

```
{ "key1": 99 }
```

这个键，
总是一个字符串　　这个值可以是任何类型

图 4-1　创建对象的基本语法

因为它是最后一个键 - 值对，所以后边紧跟着的是右花括号，而不是逗号。

不带引号的键

在第一个对象中，我们把每个键都放在引号中，但是键并不一定要带引号，如下是一个有效的 cat 对象字面值：

```
var cat = {
  legs: 3,
  name: "Harmony",
  color: "Tortoiseshell"
};
```

JavaScript 知道键总是字符串，这就是键可以不带引号的原因。如果键没有带引号，不带引号的键要遵循与变量名称相同的规则：不带引号的键中不允许有空格。如果把键放在引号中，那就允许有空格。

```
var cat = {
  legs: 3,
  "full name": "Harmony Philomena Snuggly-Pants Morgan",
  color: "Tortoiseshell"
};
```

请注意，键总是字符串（不管带引号还是不带引号），但是键对应的值可以是各种类型的值，甚至可以是包含值的变量。

也可以把整个对象放在一行中，但是这样阅读起来可能比较困难：

```
var cat = { legs: 3, name: "Harmony", color: "Tortoiseshell" };
```

4.2　访问对象中的值

可以像数组一样，使用方括号来访问对象中的值。唯一不同的是，数组使用的是索引（数字），而对象使用的是键（字符串）。

```
cat["name"];
"Harmony"
```

就像创建对象字面值一样，当要访问对象中的键时，键是否带引号也是可选的。然而，如果不使用引号，代码看上去会稍有不同：

```
cat.name;
"Harmony"
```

这种形式叫作点符号。我们只是在键前边使用了一个圆点，没有使用引号；而不是在对象名称后边的方括号中输入带引号的键。与对象字面值中不带引号的键一样，只有键中不包含任何特殊字符（例如空格）的时候，才能使用点符号。

假设想要获取一个对象中的所有键的列表，而不是想通过输入键来查找值。JavaScript 提供了一种简单的方法来做到这点，即使用 Object.keys()：

```
var dog = { name: "Pancake", age: 6, color: "white", bark: "Yip yap ↵
yip!" };
var cat = { name: "Harmony", age: 8, color: "tortoiseshell" };
Object.keys(dog);
["name", "age", "color", "bark"]
Object.keys(cat);
["name", "age", "color"]
```

Object.keys（anyObject）返回了包含 anyObject 对象的所有键的一个数组。

4.3　给对象添加值

空的对象就像一个空的数组，只是它使用的是花括号（ { } ）而不是方括号（ [ ] ）：

```
var object = {};
```

可以像为数组添加元素一样，来为对象添加元素，但我们使用字符串而不是数字，如下所示：

```
var cat = {};
cat["legs"] = 3;
cat["name"] = "Harmony";
cat["color"] = "Tortoiseshell";
cat;
{ color: "Tortoiseshell", legs: 3, name: "Harmony" }
```

这里，首先创建了一个名为 cat 的空的对象。然后，逐一添加 3 个键 - 值对。然后，输入 cat；，浏览器显示出该对象的内容。然而，不同的浏览器，可能会输出不同的对象。例如，Chrome（我编写本书时的版本）输出的 cat 对象如下所示：

```
Object {legs: 3, name: "Harmony", color: "Tortoiseshell"}
```

Chrome 按照（legs、name 和 color）这样的顺序来输出键，而其他浏览器可能以不同的顺序输出它们。这是因为 JavaScript 没有按照任何特定的键的顺序来保存对象。

数组显然有一定的顺序：索引 0 在索引 1 之前，索引 3 在索引 2 之后。但是，对于对象，没有明显的方法对每个项进行排序。colors 应该放在 legs 之前还是之后？对于这个问题，没有一个"正确的"答案，所以对象只是保存了键，而没有为它们指定任何顺序，这就导致不同的浏览器以不同的顺序来输出键。因此，不要编写依赖于对象的键的准确顺序的程序。

用点符号添加键

当添加新的键的时候，也可以使用点符号。还以之前的示例为例，还是从一个空的对象开始，然后为它添加键，但是这次我们将使用点符号：

```
var cat = {};
cat.legs = 3;
cat.name = "Harmony";
cat.color = "Tortoiseshell";
```

如果查看 JavaScript 所不知道的属性，它会返回一个特定的值 undefined。undefined 只是表示"这里什么都没有"。例如：

```
var dog = {
  name: "Pancake",
  legs: 4,
```

```
  isAwesome: true
};
dog.isBrown;
undefined
```

这里为 dog 定义了 3 个属性：name、legs 和 isAwesome。没有定义 isBrown，所以 dog.isBrown 返回了 undefined。

4.4　把数组和对象组合到一起

到目前为止，我们只看到了包含诸如数字和字符串这样简单类型的数组和对象。但是，在数组或者对象中，并非不允许使用另一个数组或者对象作为其值。

例如，dinosaur 对象的一个数组如下所示：

```
var dinosaurs = [
  { name: "Tyrannosaurus Rex", period: "Late Cretaceous" },
  { name: "Stegosaurus", period: "Late Jurassic" },
  { name: "Plateosaurus", period: "Triassic" }
];
```

要得到第一个 dinosaur 的所有信息，可以使用之前用过的相同技术，在方括号中输入索引：

```
dinosaurs[0];
{ name: "Tyrannosaurus Rex", period: "Late Cretaceous" }
```

如果只是想要得到第一个恐龙的名称，可以在数组索引后边的方括号中添加对象的键，如下所示：

```
dinosaurs[0]["name"];
"Tyrannosaurus Rex"
```

或者，可以使用点符号，如下所示：

```
dinosaurs[1].period;
"Late Jurassic"
```

注意　只能针对对象使用点符号，而不能对数组使用点符号。

friends 数组

现在，来看一个更复杂的例子。我们将创建 friend 对象的数组，每个 friend 对象又包含一个数组。首先，创建这个对象，然后可以把它们全部放到一个数组中。

```
var anna = { name: "Anna", age: 11, luckyNumbers: [2, 4, 8, 16] };
var dave = { name: "Dave", age: 5, luckyNumbers: [3, 9, 40] };
var kate = { name: "Kate", age: 9, luckyNumbers: [1, 2, 3] };
```

首先，创建了 3 个对象，并且把这 3 个对象分别保存到名为 anna、dave 和 kate 的变量中。每个对象有 3 个键：name、age 和 luckyNumbers。为每个 name 键赋一个字符串，为 age 键赋一个数值，为 luckyNumbers 键赋一个包含不同数字的数组。

接下来，我们将创建 friends 数组：

```
var friends = [anna, dave, kate];
```

现在，有了一个保存到变量 friends 中的数组，它拥有 3 个元素——anna、dave 和 kate（对象的引用）。可以使用这些对象在数组中的索引来访问它们，如下所示：

```
friends[1];
{ name: "Dave", age: 5, luckyNumbers: Array[3] }
```

这会获取数组中的第 2 个对象 dave（索引为 1）。对于 luckyNumbers 数组，Chrome 会输出 Array［3］，表示"这是拥有 3 个元素的一个数组"。（可以使用 Chrome 来查看这个数组，参见 4.5 小节。）我们还可以在方括号中输入对象的索引，并且在其后跟着想要的键，从而检索对象中的一个值，如下所示：

```
friends[2].name
"Kate"
```

这个代码要查看索引为 2 的元素，即名为 kate 的变量，然后查看该对象在 "name" 键下的属性，即 "Kate"。甚至可以获取 friends 数组中的一个对象之中的数组值，如下所示：

```
friends[0].luckyNumbers[1];
4
```

图 4-2 展示了每一个索引。friends［0］是 friends 数组中索引为 0 的元素，它是对象 anna。friends［0］.luckyNumbers 是名为 anna 的对象中的数组［2，4，8，16］。最后，friends［0］.luckyNumbers［1］是该数组中索引为 1 的元素，它是数值 4。

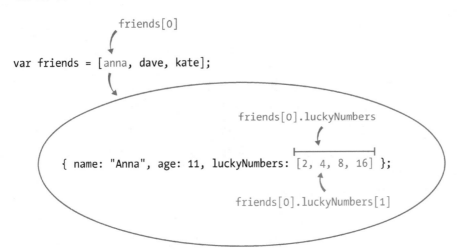

图 4-2 访问嵌套的值

4.5 在控制台查看对象

Chrome 允许深入研究在控制台输出的对象。例如，如果键入：

```
friends[1];
```

Chrome 显示的输出如图 4-3 所示。

```
friends[1];
▶ Object {name: "Dave", age: 5, LuckyNumbers: Array[3]}
```

图 4-3 在 Chrome 解释器中显示一个对象

左边的三角形表示这个对象可以展开。单击这个对象来展开它，就会看到如图 4-4 所示的内容。

```
friends[1];
▼ Object {name: "Dave", age: 5, luckyNumbers: Array[3]} ℹ
    age: 5
  ▶ luckyNumbers: Array[3]
    name: "Dave"
  ▶ __proto__: Object
```

图 4-4　展开对象

还可以单击 luckyNumbers 来展开它，如图 4-5 所示。

```
friends[1];
▼ Object {name: "Dave", age: 5, luckyNumbers: Array[3]} ℹ
    age: 5
  ▼ luckyNumbers: Array[3]
      0: 3
      1: 9
      2: 40
      length: 3
    ▶ __proto__: Array[0]
    name: "Dave"
  ▶ __proto__: Object
```

图 4-5　展开对象中的数组

不用担心 __proto__ 属性，它们一定和对象的原型有关。第 12 章会介绍原型。此外，你还会注意到，解释器展示了数组的 length 属性值。

也可以查看整个 friends 数组，并且展开数组中的每个元素，如图 4-6 所示。

```
friends
[▼ Object ℹ               , ▼ Object ℹ               , ▼ Object ℹ               ]
    age: 11                   age: 5                    age: 9
  ▶ luckyNumbers: Array[4]  ▶ luckyNumbers: Array[3]  ▶ luckyNumbers: Array[3]
    name: "Anna"              name: "Dave"              name: "Kate"
  ▶ __proto__: Object       ▶ __proto__: Object       ▶ __proto__: Object
```

图 4-6　在 Chrome 解释器中展示 friends 数组的所有 3 个对象

4.6　对象的用途

在了解了创建对象以及为它们添加属性的几种不同方法之后，让我们来尝试一些简单的程序，以应用所学到的知识。

4.6.1 记录欠款

假设你决定开一家银行。你借给朋友们钱，并且想要有一种方法来记录每个人欠你多少钱。

可以使用对象作为把字符串和值连接到一起的方法。在这个示例中，字符串是朋友们的名字，值是他们所欠的钱。我们来看一下。

```
❶ var owedMoney = {};
❷ owedMoney["Jimmy"] = 5;
❸ owedMoney["Anna"] = 7;
❹ owedMoney["Jimmy"];
   5
❺ owedMoney["Jinen"];
   undefined
```

在❶处，创建了一个名为 owedMoney 的新的空对象。在❷处，把值 5 赋给键 "Jimmy"。在❸处，我们做了同样的事，把值 7 赋给键 "Anna"。在❹处，查看与 "Jimmy" 键相关联的值，它是 5。然后在 ❺处，查看与 "Jinen" 键相关联的值，它是 undefined，因为还没有为它赋值。

现在，假设 Jimmy 借了更多的钱（例如，$3）。我们可以更新对象，使用第 2 章介绍过的 += 操作符，给 Jimmy 欠钱的数额加上 3。

```
owedMoney["Jimmy"] += 3;
owedMoney["Jimmy"];
8
```

这就像是编写了 owedMoney［"Jimmy"］= owedMoney［"Jimmy"］+ 3。还可以查看整个对象，看看朋友们分别欠了你多少钱。

```
owedMoney;
{ Jimmy: 8, Anna: 7 }
```

4.6.2 保存电影信息

假设你收藏了大量的 DVD 和蓝光电影。把所有这些电影的信息保存到计算机中，以便能够很容易地找到每一部电影，这不是很好吗？

可以创建保存电影的一个对象，每个键就是一部电影的名称，每个值是另一个对象，其中包含了电影的相关信息。对象中的值本身也可以是对象。

```
var movies = {
  "Finding Nemo": {
    releaseDate: 2003,
    duration: 100,
    actors: ["Albert Brooks", "Ellen DeGeneres", "Alexander Gould"],
    format: "DVD"
  },
  "Star Wars: Episode VI - Return of the Jedi": {
    releaseDate: 1983,
    duration: 134,
    actors: ["Mark Hamill", "Harrison Ford", "Carrie Fisher"],
    format: "DVD"
  },
  "Harry Potter and the Goblet of Fire": {
    releaseDate: 2005,
    duration: 157,
    actors: ["Daniel Radcliffe", "Emma Watson", "Rupert Grint"],
    format: "Blu-ray"
  }
};
```

你可能已经注意到，对于电影名称（外围对象的键），我们使用了引号，但是内部对象的键没有使用引号。这是因为电影名称需要有空格，不用引号的话，就得把每个名称输入成 StarWarsEpisodeVIReturnOfTheJedi 的样子，这看上去太傻了！内部对象的键不需要引号，所以我们省略了引号。没有那些不必要的标点符号，代码看起来会更简洁一些。

现在，当想要查看电影的信息时，很容易就可以找到，如下所示：

```
var findingNemo = movies["Finding Nemo"];
findingNemo.duration;
100
findingNemo.format;
"DVD"
```

这里，把 Finding Nemo 这部电影的信息保存到了名为 findingNemo 的变量中。可以查看这个对象的属性（例如 duration 和 format）来了解这部电影。

也可以很容易地把新的电影添加到收藏中：

```
var cars = {
  releaseDate: 2006,
  duration: 117,
  actors: ["Owen Wilson", "Bonnie Hunt", "Paul Newman"],
  format: "Blu-ray"
};
movies["Cars"] = cars;
```

这里，创建了一个新的对象来保存 Cars 这部电影的相关信息。然后，将其插入到 movies 对象中，其键为 "Cars"。

现在，你建立了自己的收藏，你可能想要有一种简单的方法把所有的电影的名称都列出来。可以使用 Object.keys，如下所示：

```
Object.keys(movies);
["Finding Nemo", "Star Wars: Episode VI - Return of the Jedi", "Harry
Potter and the Goblet of Fire", "Cars"]
```

4.7　本章小结

我们已经介绍了在 JavaScript 中对象是如何工作的。对象和数组很相似，因为可以使用对象把多条信息保存到一个单元中。二者之间的主要区别是，对象使用字符串来访问元素，而数组使用数字来访问元素。因此，数组是有序的，而对象是无序的。

在后边的各章中，在了解了更多 JavaScript 特性之后，我们还会做许多与对象相关的事情。在下一章中，我们将学习条件和循环，这是为程序添加结构以使其更强大的两种方式。

4.8　编程挑战

尝试一下这些挑战，练习使用对象。

#1：计分器

假设你正在与一些朋友玩游戏，你想要记录比分。创建一个名为 scores 的对象。键是朋友们的名称，值是比分（从 0 开始）。当玩家得分后，就要增加他们的分数。在 scores 对象中，如何增加玩家的得分？

#2：深入了解对象和数组

假设你有如下的对象：

```
var myCrazyObject = {
  "name": "A ridiculous object",
  "some array": [7, 9, { purpose: "confusion", number: 123 }, 3.3],
  "random animal": "Banana Shark"
};
```

如何用一行 JavaScript 代码来获取这个对象中的数字 123？在控制台尝试一下，看看你做的对吗。

第 5 章
HTML 的基础知识

　　到目前为止，我们使用的是基于浏览器的JavaScript 控制台，这对于尝试小的代码片断是很不错的。但是，要创建真正的程序，还需要一些更复杂的东西，诸如带有一些 JavaScript 代码的 Web 页面。在本章中，我们将介绍如何创建一个基础的 HTML Web 页面。

HTML（HyperText Markup Language，超文本标记语言）是用来生成 Web 页面的语言。HyperText 是指通过 Web 页面上的链接（超链接）所连接到的文本。使用一种标记语言来注解文档，因此文档不再是纯文本。标记告诉软件（例如，Web 浏览器）如何显示文本，以及用它来做什么。

在本章中，我们将介绍如何使用文本编辑器来编写 HTML 文档。文本编辑器是设计用来编写没有格式化的纯文本文件的一个简单程序，该纯文本文件没有我们在诸如 Microsoft Word 这样的字处理程序中所见到的格式化。字处理文档包含格式化的文本（如不同的字体、颜色类型、字体大小等）。字处理器设计为可以很容易地修改文本的格式。字处理器通常也允许插入图像和图片。

纯文本文件则只包含文本，不包含字体、颜色、字体大小等信息。不能在文本文件中放入图片，除非图片是用文本生成的，就像这只猫一样：

```
           /\_/\
         =( °w° )=
          )   (  //
         (__ __)//
```

5.1　文本编辑器

我们将会使用跨平台（支持 Windows、Mac OS 和 Linux）的编辑器 Sublime Text 来编写 HTML。可以免费下载和使用 Sublime Text，但是过一阵，它会要求你购买一个软件许可证（license）。如果你不想购买，后面会列出一些完全免费的版本供你选择。本章中的指令适用于 Sublime Text，但由于文本编辑器相对简单，因此所有编辑器的指令也都大同小异。

· Gedit 是 GNOME 项目中的一款跨平台的文本编辑器（https://wiki.gnome.org/Apps/Gedit/）。

· 对于 Microsoft Windows 操作系统来说，Notepad++ 是一款很好的文本编辑器（http://notepad-plus-plus.org/）。

· 在 Mac OS 操作系统中，TextWrangler 是一种很好的选择（http://www.barebones.com/products/textwrangler/）。

要安装 Sublime Text，需要访问 http://www.sublimetext.com/ 网站。每种操作系统下的安装说明都有所不同，但是这些说明都很清晰。如果安装过程中遇到任何问题，可以尝试从 Sublime Text 主页的 Support 部分寻求帮助。

> **语法高亮显示**
>
> Sublime Text 使用语法高亮显示来给程序中的代码标记颜色。对不同类型的代码指定不同的颜色，这样的设计使得程序员更容易阅读程序。例如，字符串可能是绿色的，而像 var 这样的关键字可能是橙色的。

Sublime Text 有多种可供选择的颜色方案。在本书中，我们使用 IDLE 颜色方案，可以通过单击 Preferences/Color Scheme 并选择 IDLE 来进行设置。

5.2 第一个 HTML 文档

安装好 Sublime Text 之后，启动程序，然后选择 File/New File 来创建一个新的文件。接下来，选择 File/Save 保存这个新的空白文件，将其命名为 page.html 并保存到桌面上。

现在来编写一些 HTML。在 page.html 文件中，输入如下的文本：

```
<h1>Hello world!</h1>
<p>My first web page.</p>
```

通过 File/Save 把修改后的 page.html 保存起来。现在，来看看这个页面在 Web 浏览器中是什么样子。打开 Chrome，选择 File/Open File，从桌面上选中 page.html。我们将会看到如图 5-1 所示的内容。

图 5-1 Chrome 中的第一个 HTML 页面

我们刚刚创建了第一个 HTML 文档！尽管只能在浏览器中看到它，而不能真的在互联网上看到它。Chrome 在本地打开了该页面，读取了标记标签以便搞清楚要对页面中的文本做些什么。

5.3 标签和元素

HTML 文档由元素组成。元素以开始标签开头，以结束标签结尾。例如，到目前为止，文档中有两个元素：h1 和 p。h1 元素以开始标签 <h1> 开始，以结束标签 </h1> 结束。p 元素以开始标签 <p> 开始，以结束标签 </p> 结束。在开始标签和结束标签之间是元素的内容。

开始标签由一对尖括号（< 和 >）以及其括起来的元素名称组成。结束标签和开始标签一样，只不过在元素名称之前有一条斜线（/）。

5.3.1 标题元素

每个元素都有特殊的含义和用法。例如，h1 元素表示"这是一个顶级标题。"浏览器以大号加粗字体显示 <h1> 的开始标签和结束标签之间的内容。

HTML 中有 6 种标题元素（heading element）：h1、h2、h3、h4、h5 和 h6。它们看上去如下所示：

```
<h1>First-level heading</h1>
<h2>Second-level heading</h2>
<h3>Third-level heading</h3>
<h4>Fourth-level heading</h4>
<h5>Fifth-level heading</h5>
<h6>Sixth-level heading</h6>
```

图 5-2 展示了这些标题在 Web 页面中的样子。

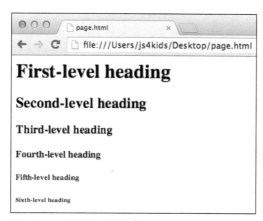

图 5-2　不同的标题元素

5.3.2 段落元素

段落元素（p 元素）用来定义文本的独立段落。在 <p> 标签之间放置的文本都会显示在一个独立的段落中，段落的上面和下面会有一些空格。让我们来试着创建多个段落元素。在 page.html 文档中添加新的一行（之前的行显示为灰色）。

```
<h1>Hello world!</h1>
<p>My first web page.</p>
<p>Let's add another paragraph.</p>
```

图 5-3 展示了带有新段落的页面。

图 5-3　相同的页面，只是增加了一个段落

请注意，段落出现在不同的行中，用许多空格隔开。这一切都是因为
<p> 标签。

5.3.3　HTML 中的空白和块级元素

如果没有这些标签，页面看上去会是什么样子？我们来看一下：

```
Hello world!
My first web page.
Let's add another paragraph.
```

图 5-4 展示了没有任何标签的页面。

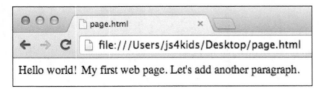

图 5-4　没有 HTML 标签的相同页面

哦，不！不仅没有格式，而且所有内容都放在一行中！
这是因为，在 HTML 中，所有空白都缩减成一个空格。空
白表示在页面上导致空白的任何字符，诸如空格符、制表
符和换行符（换行符是当按下 Enter 键时所插入的字符）。
在 HTML 文档中，两段文本之间插入的任何空行都会缩减

成一个空格。

我们把 p 元素和 h1 元素叫作块级元素（block-level element），因为它们在独立的块中显示内容，元素内容以新的一行作为开始，并且后续的任何内容都会显示在一个新行中。

5.3.4　内联元素

再添加两个元素到文档中，它们是 em 和 strong：

```
<h1>Hello world!</h1>
<p>My <em>first</em> <strong>web page</strong>.</p>
<p>Let's add another <strong><em>paragraph</em></strong>.</p>
```

使用新标签的页面如图 5-5 所示。

图 5-5　em 和 strong 元素

em 元素使得其中的内容成为斜体。strong 元素使得其中内容成为粗体。em 元素和 strong 元素都是内联元素（inline element），这意味着它们不会像块级元素那样把其中的内容放在新的一行中。

要使得内容成为粗体和斜体，把它放在这两个标签之中。注意，在前面的示例中，粗斜体的文本标签按照这样的顺序组合：<strong><em> 段落 </em></strong>。正确的元素嵌套很重要。嵌套意味着，如果一个元素在另一个元素之中，它的开始标签和结束标签都应该在父元素的内部。例如，下面这样的嵌套是不允许的：

```
<strong><em>paragraph</strong></em>
```

在这个示例中，结束标签 </strong> 放在了结束标签 </em> 之前。当犯了这样的错误时，浏览器通常不会告诉你，但是出现内嵌错误可能会导致页面以奇怪的方式崩溃。

5.4　完整的 HTML 文档

目前为止，我们真正看到的就是一小段 HTML 代码。完整的 HTML 文档需要一些其他元素。我们来看一个完整的 HTML 文档的示例以及其中每一部分的含义。用如下这些新的元素来更新 page.html 文件。

```
<!DOCTYPE html>
<html>
<head>
    <title>My first proper HTML page</title>
</head>

<body>
    <h1>Hello world!</h1>
    <p>My <em>first</em> <strong>web page</strong>.</p>
    <p>Let's add another <strong><em>paragraph</em></strong>.</p>
</body>
</html>
```

注意　Sublime Text 应该能够自动缩进某些行，如示例所示。它实际上是根据标签（诸如 <html>、<h1> 等）来识别行的，并且根据嵌套进行缩进。Sublime Text 并没有缩进 <head> 标签和 <body> 标签，但是有一些编辑器会这么做。

图 5-6 展示了完整的 HTML 文档。

图 5-6　完整的 HTML 文档

让我们依次介绍 page.html 文件中的元素。＜！ DOCTYPE html＞ 标签只是一个声明。它只是说："这是一个 HTML 文档"。后面跟着的是 <html> 开始标签（结束标签 </html> 非常靠后）。所有的 HTML 文档必须有一个 html 元素作为其最外层的元素。

在 html 元素中有两个元素：head 和 body。head 元素包含 HTML 文档的某些信息,例如,title 元素包含的就是文档的标题。例如,在图 5-6 中,我们发现浏览器标签页的标题是"My first proper HTML page",这和在 title 元素中输入的内容一致。title 元素包含在 head 元素中,head 元素包含在 html 元素中。

body 元素包含了要在浏览器中显示的内容。这里只是把本章前边的 HTML 复制过来。

5.5　HTML 层级

HTML 有清晰的层级或者顺序,可以看作是一棵上下颠倒的树。可以看到,文档看起来就像是一棵树,如图 5-7 所示。

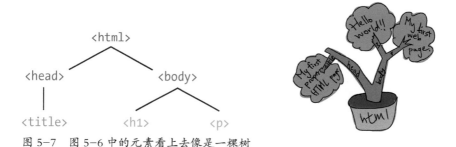

图 5-7　图 5-6 中的元素看上去像是一棵树

顶层元素是 html 元素。它包含了 head 元素和 body 元素。head 包含了 title 元素,body 包含 h1 元素和 p 元素。浏览器按照这个层级顺序来解释 HTML。稍后在第 9 章中,我们将介绍如何修改文档的结构。

图 5-8 以另一种可视化的方式展示了 HTML 层级,就像是一套嵌套的盒子。

```
html

    head

        title


    body

        h1


        p

```

图 5-8　HTML 看上去像是嵌套的盒子

5.6　为 HTML 添加链接

在本章前面，我们介绍过 HTML 中的 HT 表示 HyperText（超文本）或者说是链接的文本。HTML 文档可以包含将你带到其他 Web 页面的超链接（或者简称为链接）。a 元素（定位元素）可以创建一个链接元素。

按照下面的示例，修改 HTML 文档：删除第 2 个 p 元素以及 <em> 标签和 <strong> 标签，然后添加新的用颜色标记的代码，以创建到 http://xkcd.com/ 的一个链接：

```
<!DOCTYPE html>
<html>
<head>
    <title>My first proper HTML page</title>
</head>
<body>
    <h1>Hello world!</h1>
    <p>My first web page.</p>
    <p><a href="http://xkcd.com">Click here</a> to read some excellent
comics.</p>
</body>
</html>
```

现在，保存并在浏览器中打开页面，它看上去如图 5-9 所示。

图 5-9　包含到 http://xkcd.com/ 链接的 Web 页面

如果单击该链接，浏览器将访问 xkcd 网站 http://xkcd.com/。一旦你看够了古怪的漫画，单击 back 按钮就可以返回到我们的网页。

5.6.1　link 属性

来仔细看看如何创建 HTML 链接。为了告诉浏览器当单击一个元素的时候应该去哪儿，给 a 元素添加所谓的属性。HTML 元素中的属性和 JavaScript 对象中的键 - 值对很类似。每个属性都有一个名称和一个值。这里又创建了一个 xkcd 链接：

```
<a href="http://xkcd.com">Click here</a>
```

在这个示例中，属性名称是 href，属性值是 http://xkcd.com。名称 href 表示超链接引用，这是表示"Web 地址"的一种奇特的方式。

图 5-10 展示了这个链接的所有部分。

图 5-10　创建一个超链接的基本语法

链接将把我们带到作为 href 属性的值输入的任何 Web 地址。

5.6.2　title 属性

可以添加给链接的另一个属性是 title 属性。这个属性可以设置当鼠标悬停在一个链接上时所看到的文本。例如，修改 <a> 开始标签，让它看上去如下所示：

```
<a href="http://xkcd.com" title="xkcd: Land of geeky comics!">Click here</a>
```

现在，重新加载页面。当把鼠标光标悬停在链接上时，将会看到文本"xkcd: Land of geeky comics！"浮现在页面上，如图 5-11 所示。

图 5-11　Web 页面包含带有 title 属性的一个链接，它可以链接到 http://xkcd.com/

5.7　本章小结

在本章中，我们介绍了 HTML 的基础知识，这是用来创建 Web 页面的语言。我们创建了一个简单页面，它包含了到另一个页面的链接。

在下一章中，我们将介绍如何把 JavaScript 内嵌到 Web 页面中。在后面各章中，随着我们认识更多的 JavaScript 特性，创建较大的程序会变得更为容易。

这是一本关于 JavaScript 的图书，而不是专门介绍 HTML 的图书，所以我只介绍了创建 HTML 文档的一些非常基础的知识。通过如下的资源，你可以学习更多关于 HTML 的知识：

• Mozilla 开发者网络（ Mozilla Developer Network，MDN ）对 HTML 的介绍：https://developer.mozilla.org/en-US/docs/Web/Guide/HTML/Introduction/。

• Codecademy 的 HTML 和 CSS 课 程：http://www.codecademy.com/tracks/web/。

• Mozilla Webmaker：https://webmaker.org/。

第6章
条件与循环

　　条件与循环是 JavaScript 中最常见的两个概念。条件表示的是："如果事情是真的，就这样做；否则，就那样做。"例如，如果你做了作业就可以得到冰激凌，否则就不能得到冰激凌。循环讲的是："如果某件事儿是真的，就一直这么做。"例如，只要你口渴，就可以一直喝水。

条件和循环是很重要的概念，对于任何复杂的程序，它们都很关键。我们把条件和循环叫作控制结构，因为它们允许根据定义的特定条件，控制在何时以何种频度来执行哪部分代码。

首先需要了解一下，如何把 JavaScript 嵌入到 HTML 文件中，这样就可以创建比目前为止所看到的程序都要长的程序了。

6.1　在 HTML 中嵌入 JavaScript

下面是在第 5 章中所创建的 HTML 文件，其中，新增的代码用彩色表示，已有的代码用灰色表示（为了使得这个示例更简单一些，删除了到 xkcd 的链接）。

```
<!DOCTYPE html>
<html>
<head>
    <title>My first proper HTML page</title>
</head>

<body>
    <h1>Hello world!</h1>
    <p>My first web page.</p>
    <script>
    var message = "Hello world!";
    console.log(message);
    </script>
</body>
</html>
```

这里，添加了一个名为 script 的新元素。这是 HTML 中的一个特定元素。对于大多数 HTML 元素来讲，开始标签和结束标签中的内容会显示到页面上。然而，对于 script 元素，标签之间的所有内容都当作 JavaScript 对待，并且由 JavaScript 解释器运行。

我们来看一下这个 script 元素中的代码：

```
  var message = "Hello world!";
❶ console.log(message);
```

在 HTML 文件中运行 JavaScript 与在控制台运行 JavaScript 截然不同。当在控制台运行 JavaScript 时，只要按下 Enter 键就会执行所输入的每一行内容，并且会把该行内容的值打印到控制台。在 Web 页面中，从头到尾一次执行全部的 JavaScript 内容，并且没有内容会自动打印到控制台，除非要求浏览器这么做。可以使用 console.log 来打印内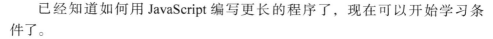
容，在运行程序时，这会更容易看到发生
了什么。console.log 方法会接收任意的值，
然后把值打印到控制台。例如，如果用
JavaScript 控制台加载本节开始处的 HTML
文件，会看到如下输出：

Hello world!

在 ❶ 处调用 console.log（message），
会把字符串 "Hello world！" 打印到控制台。

已经知道如何用 JavaScript 编写更长的程序了，现在可以开始学习条
件了。

6.2 条件

在 JavaScript 中，有两种形式的条件语句：if 语句和 if…else 语句。如果
某件事情为真，用 if 语句执行一段代码。例如，如果表现得好，就会得到奖励。
if…else 语句用来执行一段代码：如果条件为真，就做某件事情；否则的话，
就做另外一件事情。例如，如果表现得好，就会得到奖励；否则，就会被禁
止出去。

6.2.1 if 语句

if 语句是最简单的 JavaScript 控制结构。只有条件为真时，才会用它来执
行代码。回到 HTML 文件，用如下语句来替换 script 元素中的两行内容：

```
❶ var name = "Nicholas";
❷ console.log("Hello " + name);
❸ if (name.length > 7) {
❹   console.log("Wow, you have a REALLY long name!");
  }
```

首先，在 ❶ 处，创建了一个名为 name 的变量，并把它的值设置为
"Nicholas"。然后，在 ❷ 处，使用 console.log 方法把字符串 "Hello Nicholas"
显示到控制台。

在 ❸ 处，使用一个 if 语句来判断 name 的长度是否大于 7。如果大于 7，
则在 ❹ 处使用 console.log，在控制台显示 "Wow, you have a REALLY long

name！"。

如图 6-1 所示，if 语句有两个主要部分：条件和主体。条件应该是一个
Boolean 值。主体是一行或多行 JavaScript 代码，如果条件为真，就可以执行
这些代码。

if语句检查这个条件是否为真

```
if (condition) {
  console.log("Do something");
}
```

如果条件为真，
将要执行主体中的
一些代码

图 6-1　if 语句的一般结构

当加载这个带有 JavaScript 的 Web 页面时，在控制台会看到如下所示的
内容：

```
Hello Nicholas
Wow, you have a REALLY long name!
```

Nicholas 有 8 个字符，所以 name.length 返回 8。因此，条件 name.length
> 7 为 true，这会执行 if 语句中的主体，导致显示这条带有惊叹语气的消息。
要避免触发这个 if 条件，把姓名 Nicholas 改为 Nick（其他的代码不动）：

```
var name = "Nick";
```

现在，保存这个文件，并加载页面。这次，条件 name.length > 7 不为
true，因为 name.length 是 4。这就意味着，不会运行这条 if 语句的主体，控
制台只是显示如下所示的内容：

```
Hello Nick
```

只有条件为真时，才会执行 if 语句中的主体部分。当条件为假，解释器
直接跳过这条 if 语句，转到下一行。

6.2.2　if…else 语句

前面曾经介绍过，只有条件为真时，if 语句才会执行主体。如果当条件
为假时还想要做些事情，就需要使用 if…else 语句了。

将前边的示例扩展如下：

```
var name = "Nicholas";
console.log("Hello " + name);
if (name.length > 7) {
  console.log("Wow, you have a REALLY long name!");
} else {
  console.log("Your name isn't very long.");
}
```

这里做的事情和前边一样，只不过如果名字不超过 7 个字符，就会打印出一条不同的信息。

如图 6-2 所示，if…else 语句看上去和 if 语句很相似，只不过它有两个主体。关键字 else 放在两个主体中间。在 if…else 语句中，如果条件为真，就会运行第一个主体；否则，运行第二个主体。

条件要么为真要么为假

```
if (condition) {
  console.log("Do something");
} else {
  console.log("Do something else!");
}
```

如果条件为真就运行这些代码

如果条件为假就运行另一些代码

图 6-2　if…else 语句的一般结构

6.2.3　if…else 语句串

我们经常需要查看一系列条件，当其中一个为真时，做某些事情。例如，假设我们正在订购中餐，选择想吃什么。你最喜欢的中餐是柠檬鸡，所以如果这道菜在菜单上的话，你会点它。如果菜单上没有柠檬鸡，你会点豉汁牛肉。如果菜单上也没有豉汁牛肉，你会点咕噜肉。万一这些菜都没有，你会点蛋炒饭，因为你知道所有的中餐馆都会有这道菜。

```
var lemonChicken = false;
var beefWithBlackBean = true;
var sweetAndSourPork = true;

if (lemonChicken) {
  console.log("Great! I'm having lemon chicken!");
} else if (beefWithBlackBean) {
  console.log("I'm having the beef.");
} else if (sweetAndSourPork) {
  console.log("OK, I'll have the pork.");
} else {
  console.log("Well, I guess I'll have rice then.");
}
```

要创建一连串的 if…else 语句, 还是从常规的 if 语句开始, 在主体的结束括号之后, 输入关键字 else if, 紧跟着另一个条件和另一个主体。可以一直这样做下去, 直到所有的条件都执行完, 对于条件的数量是没有限制的。如果没有条件为真, 就会执行最后一个 else 部分。图 6-3 展示了一般的 if…else 语句串。

每个条件代码都有条件为真时将要运行的代码

```
if (condition1) {
  console.log("Do this if condition 1 is true");
} else if (condition2) {
  console.log("Do this if condition 2 is true");
} else if (condition3) {
  console.log("Do this if condition 3 is true");
} else {
  console.log("Do this otherwise");
}
```

如果所有条件均为假, 只运行这些代码

图 6-3　if…else 语句串

可以像下面这样解读:

1. 如果第一个条件为真, 执行第一个主体。

2. 否则, 如果第二个条件为真, 执行第二个主体。

3. 否则, 如果第三个条件为真, 执行第三个主体。

4. 否则, 执行 else 部分。

当使用诸如这样一个带 else 部分的 if…else 语句串的时候，就可以确保一个（并且只有一个）主体会执行。只要发现一个条件为真，就会执行其所对应的主体，不会再验证其他条件。如果运行上述示例代码，"I'm having the beef" 就会打印到控制台，因为 beefWithBlackBean 是 if…else 串中第一个为真的条件。如果条件都不为真，就会运行 else 的主体部分。

有一件事需要注意：最后的 else 不是必需的。然而，如果没有这个 else，当所有条件都不为真时，if…else 串中的内容都将不会执行。

```
var lemonChicken = false;
var beefWithBlackBean = false;
var sweetAndSourPork = false;

if (lemonChicken) {
  console.log("Great! I'm having lemon chicken!");
} else if (beefWithBlackBean) {
  console.log("I'm having the beef.");
} else if (sweetAndSourPork) {
  console.log("OK, I'll have the pork.");
}
```

在这个示例中，省略了最终 else 部分。因为没有你喜欢的食物，所以没有东西打印出来（看上去好像你不打算吃东西了！）。

> **试试看**
>
> 编写一个程序，使用一个 name 变量。如果 name 是你的名字，打印 "Hello me！"；否则，打印 "Hello stranger！"。（提示：使用 === 比较 name 和你的名字。）

接下来，重写这个程序，如果 name 设置成你父亲的名字，它会和你父亲打招呼，如果 name 是你母亲的名字，它会和你母亲打招呼。如果都不是，它会像之前一样说 "Hello stranger！"。

6.3　循环

前面介绍过，如果一个条件为真，条件语句允许执行一段代码一次。另一方面，循环则根据一个条件是否持续为真，允许执行一段代码多次。例如，当盘子中有食物时，你就要一直吃；或者，当脸脏了，你就要一直洗。

6.3.1　while 循环

while 循环是最简单的循环类型。while 循环重复执行它的主体，直到特定条件不再为真。编写 while 循环，就像是在说："当这个条件为真时，一直这么做。当条件变为假时，停止这么做。"

如图 6-4 所示，当循环使用 while 关键字时，后边跟着一个带圆括号的条件，然后是放在一个花括号中的主体。

每次循环重复的时候，都会检查这个条件

```
while (condition) {
  console.log("Do something");
  i++;
}
```

只要条件为真，就会重复执行这些代码（这里的代码应该做出一些修改，以使得条件最终为假）

图 6-4　while 循环的一般结构

就像 if 语句一样，如果条件为真，会执行 while 循环的主体。和 if 语句不同的是，执行完主体之后，会再次检查条件，如果条件仍然为真，会再次运行主体。循环往复，直到条件为假。

用 while 循环数羊

假设你难以入睡，想要数羊。但是，你是一名程序员，为什么不编写一个程序来替你数羊呢?

```
  var sheepCounted = 0;
❶ while (sheepCounted < 10) {
❷ console.log("I have counted " + sheepCounted + " sheep!");
    sheepCounted++;
  }
  console.log("Zzzzzzzzzzz");
```

创建了一个名为 sheepCounted 的变量，并且把它的值设置为 0。当到达
❶ 处这个 while 循环时，查看 sheepCounted 是否小于 10。因为 0 小于 10，执行花括号中的代码（循环的主体），并且把 "I have counted " + sheepCounted + " sheep！" 显示为 "I have counted 0 sheep！"。接下来，sheepCounted++ 会把 sheepCounted 的值加上 1，然后回到循环的起始位置，一遍又一遍：

```
I have counted 0 sheep!
I have counted 1 sheep!
I have counted 2 sheep!
I have counted 3 sheep!
I have counted 4 sheep!
I have counted 5 sheep!
I have counted 6 sheep!
I have counted 7 sheep!
I have counted 8 sheep!
I have counted 9 sheep!
Zzzzzzzzzzz
```

这会一直循环，直到 sheepCounted 变为 10，此时条件变为假（10 并不小于 10），程序跳出了循环。这时，会打印出 Zzzzzzzzzzz。

防止无限循环

当使用循环时，要记住：如果设置的条件永远都不会为假，循环就会永不休止（或者直到退出浏览器）。例如，如果去掉 "sheep Counted++；"，那么 sheepCounted 将保持为 0，将会像下面这样输出：

```
I have counted 0 sheep!
I have counted 0 sheep!
I have counted 0 sheep!
I have counted 0 sheep!
...
```

由于没有什么情况可以让它停止，程序将一直这样做下去！这就叫作无限循环（infinite loop）。

6.3.2 for 循环

for 循环使得编写一个循环更为简单，只需要创建一个变量，当条件为真时一直循环，并且在每轮循环的末尾修改变量。当设置一个 for 循环时，要创建一个变量，指定条件，然后指明在每轮循环之后如何修改这个变量；而所有这些都在到达循环的主体之前执行。例如，可以使用 for 循环来数羊，如下所示：

```
for (var sheepCounted = 0; sheepCounted < 10; sheepCounted++) {
  console.log("I have counted " + sheepCounted + " sheep!");
}
console.log("Zzzzzzzzzz");
```

图 6-5 展示了 for 循环用分号隔开的 3 个部分，分别是：初始化（setup）、条件（condition）和自增（increment）。

循环开始前先要进行初始化（var sheepCounted = 0）。通常会创建一个变量来记录循环运行的次数。这里，我们创建了一个变量 sheepCounted，其初始值为 0。

每次运行 body 之前，都会检查条件（sheepCounted < 10）。如果条件为 true，会执行循环体；如果是 false，终止循环。在这个示例中，一旦 sheepCounted 不再小于 10，循环会终止。

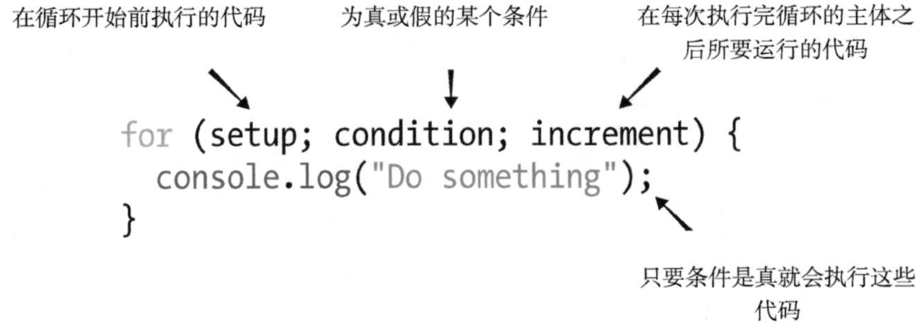

在循环开始前执行的代码   为真或假的某个条件   在每次执行完循环的主体之后所要运行的代码

```
for (setup; condition; increment) {
  console.log("Do something");
}
```

只要条件是真就会执行这些代码

图 6-5 for 循环的一般结构

每次运行完主体之后，都会执行自增（sheepCounted++），这通常用来更新循环变量。这里，每次执行循环，我们都使用它来为 sheepCounted 加 1。

for 循环通常用于设置做某件事情的次数。例如，这个程序会说 3 次"Hello！"。

```
var timesToSayHello = 3;
for (var i = 0; i < timesToSayHello; i++) {
  console.log("Hello!");
}
```

输出如下：

```
Hello!
Hello!
Hello!
```

如果我们是运行这些代码的 JavaScript 解释器，首先会创建一个名为 timesToSayHello 的变量，并且把它设置为 3。当到达 for 循环时，执行初始化，这会创建变量 i 并且将其设置为 0。接下来，检查条件。因为 i 等于 0，而 timesToSayHello 等于 3，条件为 true，所以进入主体，这样会直接输出字符串 "Hello！"。然后，运行自增，把 i 加 1。

现在，再次检查条件。条件仍然是 true，所以运行循环体，并且再次增加循环变量。这会重复执行，直到 i 等于 3。此时，条件为 false（3 并不小于 3），所以跳出循环。

对数组和字符串使用 for 循环

for 循环的一种很常见的用法是，对数组中每个元素执行操作，或者对字符串中的每个字符执行操作。例如，如下所示的 for 循环，把动物园中的动物打印出来：

```
var animals = ["Lion", "Flamingo", "Polar Bear", "Boa Constrictor"];

for (var i = 0; i < animals.length; i++) {
  console.log("This zoo contains a " + animals[i] + ".");
}
```

在这个循环中，i 最初是 0，增加到比 animals.length 小 1 的值，在本例中是 3。数字 0、1、2 和 3 是数组 animals 中动物的索引。这就意味着，每

次的循环中，i 都是不同的索引，而 animals
[i] 都是 animals 数组中的另一种动物。当
i 是 0 时，animals[i] 是 "Lion"。当 i 是 1 时，
animals[i] 是 "Flamingo"，以此类推。

运行这个程序，输出如下所示：

```
This zoo contains a Lion.
This zoo contains a Flamingo.
This zoo contains a Polar Bear.
This zoo contains a Boa Constrictor.
```

正如第 2 章所介绍的，可以像访问数组中的每个元素一样，使用方括号
来访问字符串中的每个字符。下面的例子使用 for 循环把 name 中的每个字符
打印出来：

```
var name = "Nick";

for (var i = 0; i < name.length; i++) {
  console.log("My name contains the letter " + name[i] + ".");
}
```

输出如下所示：

```
My name contains the letter N.
My name contains the letter i.
My name contains the letter c.
My name contains the letter k.
```

使用 for 循环的其他方式

正如你所想象到的，循环变量并不总是必须从 0 开始，并且每次都加 1。
例如，下面示例打印所有小于 10000 的 2 的幂：

```
for (var x = 2; x < 10000; x = x * 2) {
  console.log(x);
}
```

我们把 x 设置为 2，并且使用 "x = x * 2；" 来增加 x 的值，每次执行循环，
x 的值都会翻倍。结果很快会变大，如下所示：

```
2
4
8
16
32
64
128
256
512
1024
2048
4096
8192
```

是的！这个短小的 for 循环把所有小于 10000 的 2 的幂都打印出来了。

试试看

编写一个循环，把小于 10000 的 3 的幂（应该是 3、9、27 等）都打印出来。用 while 循环重写这个循环。（提示：在循环前，先要做初始化。）

6.4　本章小结

在本章中，我们介绍了条件和循环。当特定条件为真时，用条件来执行代码。循环用来执行代码多次，只要特定条件为真，代码就会一直执行。可以使用条件保证在正确的时间执行正确的代码，可以使用循环让程序根据需要一直运行下去。拥有以上两项能力，就为编程可能性打开了一个全新的世界。

在下一章中，我们将使用条件和循环来创建第一个真正的游戏！

6.5　编程挑战

尝试一下这些挑战，练习在本章中所学过的技巧。

#1：可怕的动物

编写一个 for 循环来修改 animals 数组，把它们都变成可怕的动物！例如，如果初始数组是：

```
var animals = ["Cat", "Fish", ↵
"Lemur", "Komodo Dragon"];
```

那么，运行了该循环之后，就应该是：

```
["Awesome Cat", "Awesome Fish", "Awesome Lemur", "Awesome ↵
Komodo Dragon"]
```

提示：需要在数组的每个索引重新赋值。这只是意味着要为数组中已经存在的位置指定一个新的值。例如，要使得第一个动物变为可怕的动物，可以这么编写代码：

```
animals[0] = "Awesome " + animals[0];   ;
```

#2：随机字符串生成器

创建一个随机字符串生成器。需要从包含字母表中所有字母的一个字符串开始。

```
var alphabet = "abcdefghijklmnopqrstuvwxyz";
```

为了从这个字符串中获取一个随机字母，可以修改在第 3 章的句子生成器中所用到过的代码：Math.floor（Math.random() * alphabet.length）。这会创建字符串中的一个随机索引。然后可以使用方括号来获取该索引所对应的字符。

要创建这个随机字符串，首先要有一个空的字符串（var randomString = ""）。然后，创建一个 while 循环，只要字符串的长度小于 6（或者所选择的任意长度），就持续把新的随机字母加入到这个字符串中。可以使用 += 操作符把一个新的字母添加到字符串的末尾。当这个循环完成之后，把字符串打印到控制台以便查看！

#3：h4ck3r sp34k

把文本转换为 h4ck3r sp34k！互联网上许多人喜欢用和字母相似的数字来代替这些特定的字母。和字母类似的数字有：4 和 A、3 和 E、1 和 I 以及 0 和 O。尽管这些数字看上去更像是那些字母的大写，但我们还是使用字母的小写来代替。要把正常的文本变成 h4ck3r sp34k，需要一个字符串 input 和一个空的字符串 output：

```
var input = "javascript is awesome";
var output = "";
```

　　然后需要用一个 for 循环来遍历 input 字符串中的所有字母。如果字母是 "a"，添加一个 "4" 到字符串 output 中。如果字母是 "e"，添加一个 "3"。如果字母是 "i"，添加一个 "1"。如果字母是 "o"，添加一个 "0"。否则，只是把最初的字母添加到新的字符串中。和前面一样，使用 += 把每个新的字母添加到字符串 output 字符串中。

　　循环结束之后，把字符串 output 打印到控制台。如果程序能够正确地工作，你会看到它打印出 "j4v4scr1pt 1s 4w3s0m3"。

第 7 章
创建 Hangman 游戏

在本章中，我们将创建一个 Hangman 游戏！我们会介绍如何使用对话框来进行游戏交互，接收游戏玩家的输入。

Hangman 是一个猜字游戏。一位玩家挑选一个神秘的单词，其他玩家尝试着去猜。

例如，如果这个单词是 TEACHER，第一位玩家会写：

— — — — — — —

猜字的玩家尝试着猜测这个单词中的字母。每次他们猜对一个字母，第一位玩家就会根据字母在单词中的每一个出现位置进行填充。例如，如果猜字的玩家猜到了字母 E，第一位玩家就会填写 TEACHER 中的 E，如下所示：

_ E _ _ _ E _

当猜字的玩家猜测的字母不在这个单词中时，就会扣掉 1 分，第一位玩家会针对每次错误的猜测，画上火柴人的一部分。如果在猜字玩家猜到单词之前，第一位玩家画完了这个火柴人，那么猜字玩家就输掉这一局。

在 Hangman 中，JavaScript 程序会选择一个单词，人类玩家会猜测字母。我们不会画火柴人，因为到目前还没有介绍如何在 JavaScript 中进行绘图（会在第 13 章中介绍）。

7.1 与玩家交互

要创建这款游戏，必须要有一些方法让猜字玩家（人类）能够输入他们的选择。一种方式是弹出一个窗口（JavaScript 称之为一个对话框），玩家可以在其中输入字母。

7.1.1 创建一个输入对话框

首先，创建一个新的 HTML 文档。使用 File/Save As 把第 5 章的 page.html 文件保存为 prompt.html。要创建一个输入对话框，在 prompt.html 的 <script> 标签中输入如下代码，并且刷新浏览器：

```
var name = prompt("What's your name?");
console.log("Hello " + name);
```

这里，创建了一个名为 name 的新变量，并且把调用 prompt（"What's your name？"）的返回值赋给它。当调用 prompt 方法时，会弹出一个小的窗口（对话框），如图 7-1 所示。

图 7-1 一个提示对话框

调用 prompt（"What's your name？"）弹出一个窗口，其中有一个标签（"What's your name？"）和一个输入信息的文本框。在这个对话框的底部有两个按钮，分别是 Cancel 和 OK。在 Chrome 中，对话框的标题是 JavaScript，它用来告诉玩家，这个输入对话框是通过 JavaScript 生成的。

当在文本框中输入文本并且单击 OK 按钮之后，输入的文本成为输入对话框返回的值。例如，假设在文本框中输入我的名字，然后单击 OK 按钮，JavaScript 会把如下信息打印到控制台：

```
Hello Nick
```

因为在文本框中输入 Nick，并且单击 OK 按钮，所以会把字符串 "Nick" 保存到变量 name 中，console.log 把 "Hello " + "Nick" 打印出来，得到的信息是 "Hello Nick"。

> **注意** 在 Chrome 中，第 2 次打开任意类型的对话框，都会给对话框添加一条额外的线，并且有一个复选框显示"禁止此页再显示对话框"。这是 Chrome 保护用户免遭过多弹出框困扰的方法。这留作本章的练习。

如果单击 Cancel 按钮会发生什么？

如果单击 Cancel 按钮，prompt 方法返回 null 值。在第 2 章中，我们介绍过，当某些内容有意为空时，可以使用 null 来表示。

在对话框中单击 Cancel 按钮，会看到如下内容：

```
Hello null
```

这里使用 console.log 把 null 作为一个字符串打印出来。通常，null 不是一个字符串，但是既然只能把字符串打印到控制台，而且又告诉 JavaScript 打印 "Hello " + null，JavaScript 就把值 null 转换成了字符串 "null"，所以就可以打印它了。JavaScript 中把一个值转换成另一种类型叫作强制转换。

强制转换是 JavaScript 试图变得更聪明的一个示例。没有任何方式可以使用 + 操作符把一个字符串和 null 组合起来，JavaScript 针对这种情况尽了最大的努力。在这个示例中，它知道需要两个字符串。null 的字符串版本是 "null"，这就是为什么我们会看到打印出了 "Hello null"。

7.1.2 使用 confirm 函数询问 Yes 或者 No

confirm 函数是通过询问 yes 或者 no（Boolean 值）而不使用文本框来获取用户输入的一种方法。例如，下面使用 confirm 函数来询问用户是否喜欢猫（如图 7-2 所示）。如果喜欢，把变量 likesCats 设置为 true，并且回应是 "You're a cool cat！"。如果不喜欢猫，把变量 likesCats 设置为 false，回应是 "Yeah, that's fine. You're still cool！"。

```
var likesCats = confirm("Do you like cats?");
if (likesCats) {
  console.log("You're a cool cat!");
} else {
  console.log("Yeah, that's fine. You're still cool!");
}
```

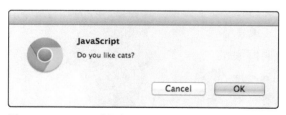

图 7-2　confirm 对话框

confirm 对话框的结果会作为一个布尔值返回。如果在图 7-2 所示的界面中单击 OK 按钮，会返回 true。如果单击 Cancel 按钮，会返回 false。

7.1.3　使用 alert 为玩家提供信息

如果想要给玩家提供一些信息，可以使用 alert 对话框显示的一条信息，对话框带有一个 OK 按钮。例如，如果你认为 JavaScript 很棒，可以使用这个 alert 函数：

```
alert("JavaScript is awesome!");
```

图 7-3 展示了这个简单的 alert 对话框的样子。

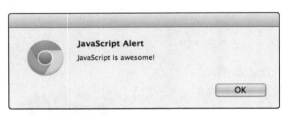

图 7-3　alert 对话框

alert 对话框只显示一条信息，然后等待直到用户单击 OK 按钮。

7.1.4　为什么使用 alert 对话框而不是 console.log 呢

为什么在游戏中使用 alert 对话框，而不是使用 console.log？首先，如果我们想要做的就是告诉玩家某件事情，使用 alert 意味着玩家不必中断游戏并打开控制台查看状态信息。其次，调用 alert 方法（prompt 方法和 confirm 函数也一样）会暂停 JavaScript 解释器，直到用户单击了 OK 按钮为止（调用 prompt 方法和 confirm 函数的情况下，还可以单击 Cancel 按钮）。这意味着，玩家有时间去阅读警告信息。另一方面，使用 console.log 的话，会立即显示文本，并且解释器会移动到程序的下一行。

7.2 设计游戏

在开始编写 Hangman 游戏之前，先考虑一下游戏的结构。我们需要程序做以下一些事情：

1. 挑选一个随机单词；
2. 接收玩家猜测的字母；
3. 如果玩家需要，可以退出游戏；
4. 判断玩家猜测的字母是否正确；
5. 记录玩家已经猜测过的字母；
6. 向玩家展示进度；
7. 当玩家猜对了单词，结束游戏。

除了第一个任务和最后一个任务（为玩家挑选单词和结束游戏），其他步骤都需要出现多次，而且我们也不知道要出现多少次（这取决于玩家猜测是否顺利）。当需要多次做同样的事情时，我们知道需要一个循环。

但是，这个简单的任务列表，并不能让我们知道什么时间需要做什么事情。为了得到一个更好的代码结构，可以使用伪代码。

7.2.1 使用伪代码来设计游戏

伪代码（pseudocode）是一种方便的工具，程序员经常用它来设计程序。pseudocode 的含义是"伪代码"，它是描述程序如何工作的一种方法，看上去就像是英语和代码的结合。伪代码有循环和条件，但是除此之外，一切都只是纯粹的英语。让我们看看这个游戏的伪代码：

```
Pick a random word

While the word has not been guessed {
  Show the player their current progress
  Get a guess from the player

  If the player wants to quit the game {
    Quit the game
  }
  Else If the guess is not a single letter {
    Tell the player to pick a single letter
  }
  Else {
```

```
    If the guess is in the word {
        Update the player's progress with the guess
    }
  }
}

Congratulate the player on guessing the word
```

正如你所看到的，这些都不是真的代码，没有计算机能够理解它。但是，在开始真正编写代码和处理复杂的细节（例如如何挑选一个随机单词）之前，伪代码能够让我们知道如何构造自己的程序。

7.2.2　记录单词的状态

在前面的伪代码中，靠前的一行中写道 "Show the player their current progress."。对于 Hangman 游戏，这意味着要填入玩家猜对的字母，并且还要展示神秘单词中的哪些字母是空白的。怎样才能做到这一点呢？实际上，可以以类似于传统的 Hangman 的工作方式来记录玩家的进度：记录空格集合，当玩家猜对了字母时，填入它们。

在游戏中，我们使用一个空白数组来存放单词中的每个字母。把这个数组命名为 answerArray，当玩家猜测的字母正确时，将字母填充到数组中。用字符串 "_" 表示每一个空白。

answerArray 最初是一个空白条目的组合，空白条目的数目等于神秘单词所包含的字母数目。例如，如果神秘单词是 fish，该数组如下所示：

```
["_", "_", "_", "_"]
```

如果玩家猜对了字母 i，把第 2 个空白修改为 i：

```
["_", "i", "_", "_"]
```

一旦玩家猜对了所有的字母，填满后的数组如下所示：

```
["f", "i", "s", "h"]
```

用一个变量来记录玩家还要猜测的剩余字母的数量。每次猜对一个字母，这个变量会减 1。如果它等于 0，我们就知道玩家赢了。

7.2.3　设计游戏循环

主要的游戏过程都发生在 while 循环中（在伪代码中，这个循环从 "While the word has not been guessed" 这一行开始）。在这个循环中，显示当前单词的状态是在猜测之中（即一开始所有字母都是空白）；要求玩家进行一次猜测（确保它是有效的单个字母）；如果该字母在这个单词中，用选中的字母来修改 answerArray 数组。

几乎所有的计算机游戏都是围绕着某种循环来构建的，这些循环往往和 Hangman 游戏中的循环具有相同的基本结构。游戏循环通常做下面这些事情：

1. 接收玩家的输入；
2. 修改游戏的状态；
3. 把当前的游戏状态显示给玩家。

即使经常变换的游戏也遵循同样的循环，只是循环得很快。在 Hangman 游戏示例中，程序接收玩家猜测的字母，如果猜对了，修改 answerArray 数组并且显示其新的状态。

一旦玩家猜对了单词中的所有字母，就会展示这个完整的单词，并且显示玩家胜利的一条祝贺信息。

7.3　编写游戏代码

在了解了游戏的一般结构之后，就可以开始着手编写代码了。后面的小节将介绍游戏中的所有代码。之后，会在一个程序清单中给出完整的代码，这样你就可以自己录入代码，亲自来玩这个游戏了。

7.3.1　选择一个随机单词

要做的第一件事是选择一个随机单词。看上去如下所示：

❶ var words = [
    "javascript",
    "monkey",
    "amazing",
    "pancake"

```
  ];
```

❷ `var word = words[Math.floor(Math.random() * words.length)];`

在 ❶ 处，创建一个单词数组（javascript、monkey、amazing 和 pancake）以开始游戏。这个数组作为神秘单词的来源，将其保存到 words 变量中。单词应该全部都是小写的。在 ❷ 处，使用 Math.random 和 Math.floor 从数组中挑选一个随机单词，就像在第 3 章中随机句子生成器中所做的那样。

7.3.2　创建 answerArray 数组

接下来，创建一个名为 answerArray 的空数组，使用和单词中字母数目相同的下划线（_）来填充该数组。

```
  var answerArray = [];
❶ for (var i = 0; i < word.length; i++) {
    answerArray[i] = "_";
  }

  var remainingLetters = word.length;
```

❶ 处的 for 循环创建了一个初始值为 0 的变量 i，i 的值为 0 到 word.length（但不包括 word.length）。每一轮循环中，都会增加一个新的元素到 answerArray 数组，对应的位置是 answerArray [i]。当循环结束时，answerArray 和单词一样长。例如，如果单词是 "monkey"（有 6 个字母），answerArray 将会是 ["_"，"_"，"_"，"_"，"_"，"_"]（6 个下划线）。

最后，创建了变量 remainingLetters，将神秘单词的长度赋值给它。使用这个变量来记录还剩下几个字母要猜。每次玩家猜对一个字母，针对该字母在单词中的每个实例，这个值都会减 1。

7.3.3　编写游戏循环

游戏循环的框架如下所示：

```
while (remainingLetters > 0) {
  // Game code goes here
  // Show the player their progress
  // Take input from the player
  // Update answerArray and remainingLetters for every correct guess
}
```

我们使用 while 循环，它会一直查看 remainingLetters > 0 是否为 true。每次玩家做出了正确的猜测，循环体都会修改 remainingLetters。如果玩家猜中所有字母，remainingLetters 将变为 0 并且循环结束。

后面的小节将会说明组成游戏循环的主体代码。

展示玩家的进度

在游戏循环内部，首先需要做的事就是展示玩家的当前进度：

```
alert(answerArray.join(" "));
```

用 join 方法把 answerArray 数组连接成一个字符串，用空格字符作为分隔符，并且用 alert 方法把这个字符串展示给玩家。例如，假设这个单词是 monkey，玩家猜到了 m、n 和 e。answerArray 数组应该是 ["m", "o", "_", "_", "e", "_"]，answerArray.join（" "）将会得到 "m o _ _ e _"。alert 对话框如图 7-4 所示。

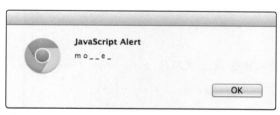

图 7-4　用 alert 对话框展示玩家的进度

处理玩家的输入

现在，需要从玩家那里得到他所猜测的字母，并且确保它是单个的字符。

```
❶ var guess = prompt("Guess a letter, or click Cancel to stop playing.");
❷ if (guess === null) {
   break;
❸ } else if (guess.length !== 1) {
   alert("Please enter a single letter.");
 } else {
❹  // Update the game state with the guess
 }
```

在 ❶ 处，prompt 方法从玩家那里得到了猜测的内容，并且把它保存到变量 guess 中。此时，会发生 4 种情况之一：

首先，如果玩家单击了 Cancel 按钮，那么猜测内容为 null。在 ❷ 处，查看条件 if（guess === null）。如果条件是 true，使用 break 退出循环。

注意　　无论程序处在循环中的哪个位置，也不管 while 条件当前是否为真，都可以在任意循环语句中使用关键字 break 来立即终止循环。

第 2 种和第 3 种可能性是玩家什么都不输入或者输入了太多的字母。如果他们什么都不输入就单击 OK 按钮，猜测内容就是空的字符串 ""。在这种情况下，guess.length 会是 0。如果他们输入的内容多于 1 个字母，guess.length 会大于 1。

在 ❸ 处，使用 else if（guess.length！ == 1）来检查这些条件，以确保猜测内容是一个字母。如果不是，显示一条警示信息："Please enter a single letter."。

第 4 种可能性是玩家输入了一个有效的字母。然后，我们必须根据他们猜测的字母来修改游戏的状态，在 ❹ 处使用 else 语句，这里所要做的事情将在下一节介绍。

更新游戏的状态

一旦玩家输入有效的字母，必须根据猜测来修改 answerArray 数组。为了做到这点，在 else 语句中添加了如下代码：

```
❶ for (var j = 0; j < word.length; j++) {
❷   if (word[j] === guess) {
      answerArray[j] = guess;
❸     remainingLetters--;
    }
  }
```

在 ❶ 处，使用新的名为 j 的循环变量创建了一个 for 循环，j 从 0 到 word.length（在这个循环中，使用 j 作为变量，因为在前面的 for 循环中已经使用过 i）。使用这个循环遍历单词中的每个字母。例如，假设单词是 pancake。循环的第 1 轮，j 等于 0，word［j］是 "p"。第 2 轮，word［j］是 "a"，然后是 "n"、"c"、"a"、"k" 和最后的 "e"。

在 ❷ 处，使用 if（word［j］=== guess）来检查当前的字母是否与玩家猜测的字母一致。如果一致，使用 answerArray[j] = guess 以当前的 guess 来更新 answerArray。对于单词中与所猜测的字母相匹配的每一个字母，我们都会在相应的位置更新 answerArray。之所以可以这么做，是因为循环变量 *j* 可以用作 answerArray 的索引，就像可以把它用作单词的索引一样，如图 7-5 所示。

```
Index(j)        0    1    2    3    4    5    6

word          " p    a    n    c    a    k    e "

answerArray   ["_", "_", "_", "_", "_", "_", "_"]
```
图 7-5　单词和 answerArray 数组可以使用相同的索引

例如，假设刚开始玩这个游戏，现在到达了 ❶ 处的 for 循环。假设这个单词是 "pancake"，猜测的字母是 "a"，answerArray 数组现在看上去如下所示：

```
["_", "_", "_", "_", "_", "_", "_"]
```

在 ❶ 处，for 循环的第 1 轮循环中，*j* 是 0，所以 word[j] 是 "p"。猜的字母是 "a"，所以在 ❷ 处跳过这条 if 语句（因为 "p" === "a" 是 false）。在第 2 轮循环中，*j* 是 1，所以 word[j] 是 "a"。这次猜对了，所以进入这条语句的 if 部分。answerArray[j] = guess; 这一行，将 answerArray 的索引设置为 1（第 2 个元素），所以 answerArray 现在看上去如下所示：

```
["_", "a", "_", "_", "_", "_", "_"]
```

在接下来的两轮循环中，word[j] 是 "n" 和 "c"，它们都与猜测的字母不一致。然而，当 *j* 等于 4 时，word[j] 又是 "a"。又一次修改了 answerArray，这次把索引为 4 的元素（第 5 个元素）设置为猜测的字母。现在，answerArray 看上去如下所示：

```
["_", "a", "_", "_", "a", "_", "_"]
```

单词中剩下的字母都和 "a" 不一致，所以最后两轮的循环中没什么事情发生。在这次循环的最后，会把单词中所有猜对的字母都更新到 answerArray 中。

每猜对一次，除了修改 answerArray，还需要将 remainingLetters 减 1。在 ❸ 处，使用 remainingLetters--; 语句做到这一点。每次猜对单词中的字母，

remainingLetters 都会减 1。一旦玩家猜对了所有的字母，remainingLetters 将变为 0。

7.3.4 结束游戏

正如我们所看到的，主游戏循环条件是 remainingLetters > 0，所以只要还有待猜测的字母，这个循环就会一直继续。一旦 remainingLetters 为 0，将跳出这个循环。使用如下代码结束游戏：

```
alert(answerArray.join(" "));
alert("Good job! The answer was " + word);
```

第 1 行使用 alert 方法展示最终的 answerArray 数组。第 2 行再次使用 alert 来祝贺玩家获胜。

7.4 游戏代码

现在，我们已经看到这个游戏的全部代码，接下来只需要把它们组织到一起。下面是 Hangman 游戏完整的程序清单。其中，从头到尾都添加了注释，以便你更容易看到在每个位置发生了什么事情。它比我们之前编写的代码都要长，但是录入一遍代码会帮助你更加熟悉如何编写 JavaScript。创建一个名为 hangman.html 的新的 HTML 文件，然后在其中录入如下的代码：

```
<!DOCTYPE html>
<html>
<head>
    <title>Hangman!</title>
</head>
<body>
    <h1>Hangman!</h1>

    <script>
    // Create an array of words
    var words = [
      "javascript",
```

```
      "monkey",
      "amazing",
      "pancake"
    ];

    // Pick a random word
    var word = words[Math.floor(Math.random() * words.length)];

    // Set up the answer array
    var answerArray = [];
    for (var i = 0; i < word.length; i++) {
      answerArray[i] = "_";
    }

    var remainingLetters = word.length;

    // The game loop
    while (remainingLetters > 0) {
      // Show the player their progress
      alert(answerArray.join(" "));

      // Get a guess from the player
      var guess = prompt("Guess a letter, or click Cancel to stop ↵
playing.");
      if (guess === null) {
        // Exit the game loop
        break;
      } else if (guess.length !== 1) {
        alert("Please enter a single letter.");
      } else {
        // Update the game state with the guess
        for (var j = 0; j < word.length; j++) {
          if (word[j] === guess) {
            answerArray[j] = guess;
            remainingLetters--;
          }
        }
      }
    }
    // The end of the game loop
    }

    // Show the answer and congratulate the player
    alert(answerArray.join(" "));
    alert("Good job! The answer was " + word);
    </script>
</body>
</html>
```

如果游戏不能运行，请检查录入是否完全正确。如果出了错，JavaScript 的控制台可以帮助你找到错误所在。例如，如果拼写错一个变量名称，就会看到如图 7-6 所示的信息，指出发生错误之处。

```
😣 ▶Uncaught ReferenceError: remainingLetter is not defined          hangman.html:30
```

图 7-6　在 Chrome 控制台中的 JavaScript 错误

如果单击 hangman.html:30，就会看到出错的那一行。在这个示例中，它告诉我们在 while 循环的起始处，把 remainingLetters 错误地拼写为 remainingLetter 了。

试着玩几次游戏。游戏的工作方式和你预期一样吗？当你玩游戏时，能想象到自己所编写的代码在后台运行吗？

7.5　本章小结

在短短的几页中，我们就创建了第一个 JavaScript 游戏！正如你所见到的，循环和条件对于创建游戏或者任何其他的计算机交互程序来说必不可少。没有这些控制结构，程序只能是从头到尾地运行。

在第 8 章中，我们将使用方法来打包代码，以便在程序的不同地方来运行它。

7.6　编程挑战

尝试一下这些挑战，改进在本章中所创建的 Hangman 游戏。

#1：更多的单词
　　向 words 数组添加你自己的单词。记得输入的单词全部要小写。

#2：大写字母

如果玩家输入的是一个大写字母，它将无法和神秘单词中的小写字母匹配。要解决这个潜在的问题，把玩家输入的字母都转换成小写的。（提示：可以使用 toLowerCase 方法把一个字符串转换成小写。）

#3：限制猜测次数

我们的 Hangman 游戏没有限制玩家猜测的次数。现在增加一个变量来记录猜测次数，如果玩家猜测的次数超过了限制，就结束游戏。（提示：在判断 remainingLetters > 0 的同一个 while 循环中检查该变量。正如在第 2 章中所做的，可以使用 && 来检查两个 Boolean 条件是否都为真。）

#4：修正 Bug

在游戏中有一个 Bug：如果你一直猜相同的正确的字母，remainingLetters 会一直减少。你能修正这个 Bug 吗？（提示：可以新增另一个条件来检查 answerArray 中的一个值是否还是下划线。如果它不是下划线，那么肯定已经猜过这个字母了。）

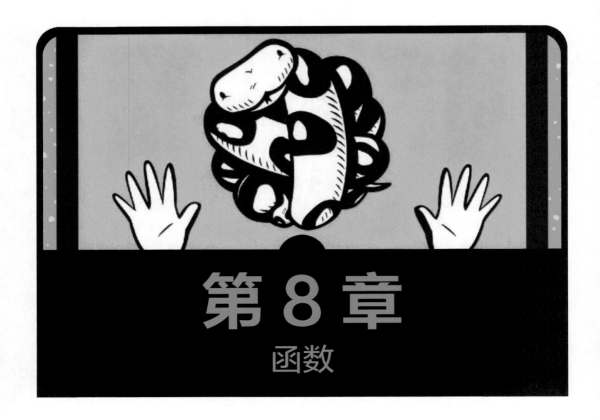

第8章

函数

函数是把代码集合到一起以便能够复用它们的一种方法。函数允许我们在程序中的多个位置运行相同的代码段，而无需重复地复制和粘贴。而且，通过把大段代码隐藏到函数中，并给它起一个容易理解的名字，就可以更好地规划代码。因为这样一来，你可以把注意力集中在函数的组织上，而不用过多地关注组成这些函数的所有的代码细节。代码分割的越小，分割的块越容易管理，就越能让我们看到更大的蓝图，并思考如何在更高的层级上来构建程序。

当我们需要通过程序重复执行一次计算或者一种行为时，会发现函数真的很有用。在本书前面的各章中，我们使用过各种函数，如 Math.random、Math.floor、alert、prompt 和 confirm 等。在本章中，我们将学习如何创建自己的函数。

8.1　函数的基本结构

图 8-1 展示了函数是如何创建的。花括号之间的代码叫作函数体，这就像循环中花括号之间的代码叫作循环体一样。

```
function () {
    console.log("Do something");
}
```

位于花括号之间的函数体

图 8-1　创建一个函数的语法

8.2　创建一个简单的函数

我们来创建一个简单的函数，它可以打印出"Hello World！"。在浏览器的控制台中输入如下代码，同时按住 Shift 键和 Enter 键来换行，以便不执行该行代码。

```
var ourFirstFunction = function () {
  console.log("Hello world!");
};
```

这些代码创建了一个新的函数，并且把它保存到了变量 ourFirstFunction 中。

8.3　调用一个函数

要运行函数中的代码（函数体），需要调用该函数。要调用一个函数，在函数名称后边跟随一对圆括号，如下所示：

```
ourFirstFunction();
Hello world!
```

调用 ourFirstFunction 将会执行其函数体，也就是 console.log（"Hello world！"）;，并且所要打印的文本显示在下一行中：Hello world！。

但是，如果在浏览器中调用了这个函数，会发现还有第 3 行，该行中有一个朝左的箭头，如图 8-2 所示。这是函数的返回值。

```
> ourFirstFunction();
  Hello, world!
< undefined
```

图 8-2　调用带有一个 undefined 返回值的函数

返回值就是函数输出的值，可以在代码中的其他地方使用。在这个示例中，返回值是 undefined，因为在函数体中，没有告诉函数要返回任何特定的值。我们所做的，只是要求它打印一条消息到控制台，这和返回一个值是不同的。除非函数体中的某处告诉函数要返回一个不同的值（我们将在 8.5 节看到如何返回一个指定的值），否则函数总会返回 undefined。

注意　　在 Chrome 控制台以及本书的全部程序清单中，返回值的代码颜色总是根据数据类型而不同，用 console.log 显示的文本总是纯黑色的。

8.4　把参数传递到函数中

每次调用 ourFirstFunction，它都只是打印相同的文本行，但是你可能想要让函数更加灵活一点。函数参数允许在调用函数的时候把值传递到函数中，以改变该函数的行为。当创建函数和调用函数时，参数总是位于函数的括号之中。

下面的 sayHelloTo 函数使用了一个参数（name），和指定的人打招呼。

```
var sayHelloTo = function (name) {
  console.log("Hello " + name + "!");
};
```

在第一行中，创建了这个函数，并且把它赋给变量 sayHelloTo。当调用这个函数时，它显示字符串 "Hello " + name + "！"，用作为参数传递给函数的任何值来替换 name。

图 8-3 展示了带有一个参数的函数语法。

参数名称

```
function ( argument ) {
    console.log("My argument was: " + argument);
}
```

函数体可以使用这个参数

图 8-3 创建带有一个参数的函数语法

调用这个带有一个参数的函数，把想要用作参数的值放在位于函数名称之后的圆括号中。例如，与 Nick 打招呼，就可以写为：

```
sayHelloTo("Nick");
Hello Nick!
```

而与 Lyra 打招呼，可以写为：

```
sayHelloTo("Lyra");
Hello Lyra!
```

每次调用这个函数，为 name 传递的参数都包含在该函数打印出的字符串中。所以，当传递 "Nick" 时，控制台打印 "Hello Nick！"；当传递 "Lyra" 时，控制台打印 "Hello Lyra！"。

8.4.1　打印猫脸

给函数传递参数的一个原因，可能就是要告诉函数做某件事情多少次。例如，函数 drawCats 把猫脸（样子就像 =^.^= ）打印到控制台。使用参数 howManyTimes，告诉函数要打印多少个猫脸：

```
var drawCats = function (howManyTimes) {
  for (var i = 0; i < howManyTimes; i++) {
    console.log(i + " =^.^=");
  }
};
```

函数体是一个 for 循环，循环次数与 howManyTimes 参数一样多（变量 i 起始于 0，重复递增直到等于 howManyTimes 减 1）。每次通过循环，函数都会显示字符串 i + " =^.^="。

当让参数 howManyTimes 为 5 来调用该函数的时候，结果如下所示：

```
drawCats(5);
0 =^.^=
1 =^.^=
2 =^.^=
3 =^.^=
4 =^.^=
```

试试看，让 howManyTimes 等于 100，打印 100 只猫脸的效果！

8.4.2　为一个函数传递多个参数

可以使用多个参数，从而为一个函数传递多个值。要增加其他的参数，在关键字 function 之后的括号中输入这些参数，参数之间用逗号隔开。图 8-4 展示了接受两个参数的一个函数的语法。

每个参数的名字用逗号隔开

```
function (argument1, argument2) {
    console.log("My first argument was: " + argument1);
    console.log("My second argument was: " + argument2);
}
```

这个函数体中的两个参数都要用到

图 8-4　创建接受两个参数的函数语法

下面的 printMultipleTimes 函数和 drawCats 很类似，只不过它还有一个名为 whatToDraw 的参数。

```
var printMultipleTimes = function (howManyTimes, whatToDraw) {
  for (var i = 0; i < howManyTimes; i++) {
    console.log(i + " " + whatToDraw);
  }
};
```

printMultipleTimes 函数把我们为 whatToDraw 输入的字符串打印出来，打印次数与参数 howManyTimes 指定的次数相等。第 2 个参数告诉函数要打印什么，第 1 个参数告诉函数要打印多少次。

当调用带有多个参数的一个函数时，在函数名称之后的括号中插入想要使用的值，值之间用逗号分隔。

例如，要使用这个新的 printMultiple Times 函数来打印猫脸，可以像下面这样调用它：

```
printMultipleTimes(5, "=^.^=");
0 =^.^=
1 =^.^=
2 =^.^=
3 =^.^=
4 =^.^=
```

要让 printMultipleTimes 打印 4 次笑脸，可以这样做：

```
printMultipleTimes(4, "^_^");
0 ^_^
1 ^_^
2 ^_^
3 ^_^
```

当调用 printMultipleTimes 时，为参数 howManyTimes 传递了值 4，为参数 whatToDraw 传递了 "^_^"。结果，for 循环执行了 4 次（i 从 0 增加到 3），每次输出 $i +$ " "+ "^_^"。

要绘制（>_<）字符两次，可以像下面这样写：

```
printMultipleTimes(2, "(>_<)");
0 (>_<)
1 (>_<)
```

在这个示例中，为 howManyTimes 传递 2，为 whatToDraw 传递 " (>_<)"。

8.5　从函数中返回值

到目前为止，我们看到的函数都是使用 console.log 把文本打印到控制台。这是 JavaScript 显示值的一种简单而有用的方式，但是当在控制台显示一个值时，在后面的程序中并不能使用它。如果想要函数输出该值，以便能够在代码的其他部分继续使用它，那该怎么办呢？

正如本章前面所介绍的，函数的输出叫作返回值（return value）。当调用带有返回值的函数时，可以在代码中的其他地方使用该值（可以把返回值保存到一个变量中，把它传递给另一个函数或者直接将它和其他代码组合到一起）。例如，下面代码行把 5 和调用 Math.floor（1.2345）得到的返回值相加：

```
5 + Math.floor(1.2345);
6
```

Math.floor 是一个函数，它返回的是将传递给它的数字向下舍入到最接近的整数。当看到诸如 Math.floor（1.2345）这样的一个函数调用时，想象用函数的返回值也就是数字 1 来替代它。

让我们来创建带有返回值的一个函数。函数 double 将接受参数 number，并返回 number * 2 的结果。换句话讲，这个函数返回的值是参数的两倍。

```
   var double = function (number) {
❶    return number * 2;
   };
```

要从函数中返回值，使用关键字 return，后边紧跟着想要返回的值。在 ❶ 处，使用关键字 return 从 double 函数返回 number * 2 的值。现在，可以调用 double 函数把数字翻倍了：

```
double(3);
6
```

这里，在第 2 行中显示了返回值（6）。尽管函数可以接受多个参数，但是它只能返回一个值。如果没有告诉函数要返回什么值，它会返回 undefined。

8.6 把函数调用当作值来使用

当调用包含了一大段代码的一个函数时，在调用函数的位置，将会使用该函数的返回值。例如，使用 double 函数来获取两个数字翻倍后的结果，然后把两个结果加在一起：

```
double(5) + double(6);
22
```

在这个示例中，调用了 double 函数两次，并且把两个返回值加在一起。可以把 double（5）的调用当作 10，把 double（6）的调用当作 12。

也可以把函数调用作为参数传递给另一个函数，并且用函数的返回值来替代该函数调用。在下面的示例中，调用了 double，并且把 double（3）的结果作为参数传递。用 6 替代了 double（3），从而将 double（double（3））简化为 double（6），进一步再简化为 12。

```
double(double(3));
12
```

JavaScript 的计算如下所示：

```
double( double(3) );

❶    double( 3 * 2 )

❷        double(6)

❸        6 * 2

❹          12
```

double 函数的函数体返回 number * 2，所以在 ❶ 处，用 3 * 2 替代 double（3）。在 ❷ 处，用 6 替代 3 * 2。然后，在 ❸ 处，我们做了同样的事，用 6 * 2 替代了 double（6）。最后，在 ❹ 处，使用 12 替代 6 * 2。

8.7 使用函数来简化代码

在第 3 章中，我们使用方法 Math.random 和 Math.floor 从数组中挑选随机单词并且生成随机的句子。在本节中，我们将重新创建句子生成器，并且通过创建函数来简化这个程序。

8.7.1 挑选随机单词的函数

下面是在第 3 章中用于从数组中选择一个随机单词的代码：

```
randomWords[Math.floor(Math.random() * randomWords.length)];
```

如果把这行代码转换成一个函数，就可以复用它来从数组中挑选一个随机单词，而无需每次都输入相同的代码。例如，可以定义一个 pickRandomWord 函数，如下所示：

```
var pickRandomWord = function (words) {
  return words[Math.floor(Math.random() * words.length)];
};
```

这里所做的就是把前面的代码封装到一个函数中。现在，可以创建这个 randomWords 数组：

```
var randomWords = ["Planet", "Worm", "Flower", "Computer"];
```

并且使用 pickRandomWord 函数从数组中挑选一个随机单词，如下所示：

```
pickRandomWord(randomWords);
"Flower"
```

可以对任意数组使用这个相同的函数。例如，可以从名字的数组中获取一个随机名字：

```
pickRandomWord(["Charlie", "Raj", "Nicole", "Kate", "Sandy"]);
"Raj"
```

8.7.2 随机句子生成器

现在，试着重新创建随机句子生成器，使用函数来选取随机单词。首先，来回顾一下第 3 章中的代码：

```
var randomBodyParts = ["Face", "Nose", "Hair"];
var randomAdjectives = ["Smelly", "Boring", "Stupid"];
var randomWords = ["Fly", "Marmot", "Stick", "Monkey", "Rat"];

// Pick a random body part from the randomBodyParts array:
var randomBodyPart = randomBodyParts[Math.floor(Math.random() * 3)];
// Pick a random adjective from the randomAdjectives array:
var randomAdjective = randomAdjectives[Math.floor(Math.random() * 3)];
// Pick a random word from the randomWords array:
var randomWord = randomWords[Math.floor(Math.random() * 5)];
// Join all the random strings into a sentence:
var randomString = "Your " + randomBodyPart + " is like a " + ↵
randomAdjective + " " + randomWord + "!!!";
randomString;
"Your Nose is like a Stupid Marmot!!!"
```

注意，在这段代码中，我们最终多次重复 words［Math.floor（Math.
random()* length）］。如果使用 pickRandomWord 函数，就可以像下面这样重
写程序：

```
var randomBodyParts = ["Face", "Nose", "Hair"];
var randomAdjectives = ["Smelly", "Boring", "Stupid"];
var randomWords = ["Fly", "Marmot", "Stick", "Monkey", "Rat"];

// Join all the random strings into a sentence:
var randomString = "Your " + pickRandomWord(randomBodyParts) + ↵
" is like a " + pickRandomWord(randomAdjectives) + ↵
" " + pickRandomWord(randomWords) + "!!!";

randomString;
"Your Nose is like a Smelly Marmot!!!"
```

这里有两个变化。首先，当需要从数组中挑选一个随机单词时，使用
pickRandomWord 函数，而不是每次都使用 words［Math.floor（Math.random()
* length）］。而且，把函数调用返回的值直接相加组成了字符串，而不是把
每个随机单词先保存到一个变量中，然后再将变量
添加到最终的字符串中。函数的调用可以当作函数
的返回值。所以，实际上这里所做的，就是把它们
放在一起组成字符串。正如你所见到的，这个版本
的程序更容易阅读，也更容易编写，因为我们通过
使用函数来复用了一些代码。

8.7.3　把随机句子生成器封装到一个函数中

通过创建一个更大的函数来生成随机句子，我们可以让随机句子生成器更进一步。如下所示：

```
generateRandomInsult = function () {
  var randomBodyParts = ["Face", "Nose", "Hair"];
  var randomAdjectives = ["Smelly", "Boring", "Stupid"];
  var randomWords = ["Fly", "Marmot", "Stick", "Monkey", "Rat"];

  // Join all the random strings into a sentence:
  var randomString = "Your " + pickRandomWord(randomBodyParts) + ↵
  " is like a " + pickRandomWord(randomAdjectives) + ↵
  " " + pickRandomWord(randomWords) + "!!!";

❶ return randomString;
};

generateRandomInsult();
"Your Face is like a Smelly Stick!!!"
generateRandomInsult();
"Your Hair is like a Boring Stick!!!"
generateRandomInsult();
"Your Face is like a Stupid Fly!!!"
```

新的 generateRandomInsult 函数只是将之前的代码放到一个不带参数的函数中。唯一不同的是在 ❶ 处，在函数的末尾，让该函数返回 randomString。可以运行几次前面的函数来看看，每次它都会返回一个新的句子。

把代码放入到一个函数中，意味着我们可以调用该函数来得到一个随机的句子，而不必每次想要一个新的句子的时候都复制并粘贴相同的代码。

8.8　用 return 提前跳出函数

只要 JavaScript 解释器在函数中遇到 return，它就会跳出函数，即使函数体中还有代码没有执行。

使用 return 的一种常见方式是，如果函数的任意一个参数无效，就提前跳出函数。无效指的是，参数不是函数正常运行所需的那种参数。例如，下面的函数返回了一个字符串，显示出你的名字中的第 5 个字符。如果传递给函数的名字少

于 5 个字符，使用 return 立即跳出该函数。在这种情况下，意味着函数末尾
显示名字中第 5 个字符的 return 语句，将不会执行。

```
    var fifthLetter = function (name) {
❶   if (name.length < 5) {
❷     return;
    }

    return "The fifth letter of your name is " + name[4] + ".";
};
```

在 ❶ 处，查看输入的名字长度是否小于 5。如果小于 5，在 ❷ 处，使用
return 提前跳出函数。

试着调用这个函数。

```
fifthLetter("Nicholas");
"The fifth letter of your name is o."
```

名字 Nicholas 超过 5 个字符长度，所以会执行完 fifthLetter 函数，并且返
回 Nicholas 名称中的第 5 个字母 o。再用一个短一点的名字来调用该函数：

```
fifthLetter("Nick");
undefined
```

当用名字 Nick 作为参数来调用 fifthLetter 时，函数知道这个名字不够长，
所以通过 ❷ 处的第一条 return 语句提前跳出了函数。在 ❷ 处，return 后边没
有指定值，所以函数返回了 undefined。

8.9 使用多个 return 来代替 if…else 语句

可以在一个函数体的不同 if 语句中使用多个
return 关键字，让函数根据输入返回不同的值。例
如，假设正在编写一个游戏，要根据玩家的得分来
给他们奖牌。3 分以下是铜牌，3 到 7 分之间是银牌，
7 分及以上是金牌。可以使用诸如 medalForScore
这样的函数来评分，并且授予相应的奖牌，如下
所示：

```
    var medalForScore = function (score) {
      if (score < 3) {
❶       return "Bronze";
      }

❷     if (score < 7) {
        return "Silver";
      }

❸     return "Gold";
    };
```

在 ❶ 处，如果得分小于 3，返回 "Bronze"。如果到了 ❷ 处，就知道分数肯定至少是 3，因为如果小于 3 分，已经返回了（也就是说，在第一个测试中，当遇到关键字 return 时，就已经跳出函数了）。最后，如果到达了 ❸ 处，我们知道分数肯定至少是 7，因此不用再做其他判断了，直接返回 "Gold"。

尽管检查了多个条件，但是不需要使用 if…else 语句串。使用 if…else 语句是为了保证只执行一个选项。当每个选项都有自己的 return 语句时，就意味着只会执行一个选项（因为函数只能够返回一次）。

创建函数的简写方式

编写函数有普通方式和简写方式两种。我经常使用普通方式，因为它更清楚地展示了如何把一个函数保存到一个变量中。然而，也应该知道创建函数的简写方式，因为许多 JavaScript 代码会用到它。一旦习惯了使用函数来工作，你也可能会想要使用这种简写方式来创建函数。

创建函数的普通方式示例如下：

```
var double = function (number) {
  return number * 2;
};
```

创建函数的简写方式示例如下：

```
function double(number) {
  return number * 2;
}
```

正如你所见到的，在普通方式中，显式地创建了一个变量名称，并且把函数赋值给该变量，所以 double 出现在关键字 function 之前。相反，在简写方式中，先出现了关键字 function，函数名称紧随其后。在这个版本中，变量 double 由 JavaScript 在幕后创建。

术语中，把普通方式叫作函数表达式（function expression），把简写方式叫作函数声明（function declaration）。

8.10　本章小结

函数允许复用代码块。根据传递的参数不同，函数可以做不同的事情，并且可以在代码中调用函数的位置返回其值。函数也使得我们能够为给定的一段代码起一个有意义的名字。例如，函数名称 pickRandomWord 清晰地表明，这个函数所要做的是挑选一个随机单词。

在下一章中，我们将介绍如何编写能够操作 HTML 文档的 JavaScript。

8.11　编程挑战

尝试一下这些挑战，练习使用函数。

#1：用函数做计算

创建两个函数：add 和 multiply。每个函数应该接受两个参数。add 函数应该把两个参数相加，并且返回结果；multiply 应该把两个参数相乘。

只用这两个函数，解决下面这个简单的算术问题：

```
36325 * 9824 + 777
```

#2：这些数组是否一样？

编写一个名为 areArraysSame 的函数，它接受两个数字的数组作为参数。如果两个数组相同（拥有相同的数字，且顺序相同），这个函数就会返回 true，如果两个数组不同，则返回 false。尝试运行如下代码，以确保该函数能够正常工作：

```
areArraysSame([1, 2, 3], [4, 5, 6]);
false

areArraysSame([1, 2, 3], [1, 2, 3]);
true
areArraysSame([1, 2, 3], [1, 2, 3, 4]);
false
```

提示 1：需要使用 for 循环遍历第一个数组中的每个值，以判断它们与第二个数组中的值是否相等。如果发现值不相等，则在 for 循环中返回 false。

提示 2：如果数组长度不同，可以提前跳出函数，并且直接略过 for 循环。

#3：使用函数实现 Hangman

回到第 7 章 Hangman 游戏。使用函数来重写它。

这里，我已经重写了 Hangman 的最终代码，用函数调用代替了代码的一些特定部分。你所要做的就是编写这些函数。

```
// Write your functions here

var word = pickWord();
var answerArray = setupAnswerArray(word);
var remainingLetters = word.length;

while (remainingLetters > 0) {
  showPlayerProgress(answerArray);
  var guess = getGuess();
  if (guess === null) {
    break;
  } else if (guess.length !== 1) {
    alert("Please enter a single letter.");
  } else {
    var correctGuesses = updateGameState(guess, word, answerArray);
    remainingLetters -= correctGuesses;
  }
}

showAnswerAndCongratulatePlayer(answerArray);
```

这个使用函数的代码版本，就像第 7 章中用到的伪代码一样简单。这应该能够让你意识到，函数可以使得代码更加容易理解。

下面是需要你填充的函数：

```
var pickWord = function () {
  // Return a random word
};

var setupAnswerArray = function (word) {
  // Return the answer array
};

var showPlayerProgress = function (answerArray) {
  // Use alert to show the player their progress
};

var getGuess = function () {
  // Use prompt to get a guess
};

var updateGameState = function (guess, word, answerArray) {
  // Update answerArray and return a number showing how many
  // times the guess appears in the word so remainingLetters
  // can be updated
};

var showAnswerAndCongratulatePlayer = function (answerArray) {
  // Use alert to show the answer and congratulate the player
};
```

第 2 部分
高级 JavaScript

第 9 章
DOM 和 jQuery

到目前为止，我们使用 JavaScript 做了一些相对简单的事情，诸如把文本打印到浏览器的控制台，或者显示一个 alert 对话框或 prompt 对话框。但是，也可以使用 JavaScript 操控（控制或修改）Web 页面中的 HTML，并与之交互。在本章中，我们将介绍能够编写功能更为强大的 JavaScript 的两个工具：DOM 和 jQuery。

DOM（文档对象模型，Document Object model）允许 JavaScript 访问 Web 页面的内容。Web 浏览器使用 DOM 记录页面上的元素（诸如段落、标题和其他 HTML 元素），JavaScript 可以以各种不同的方式操作 DOM。例如，很快会看到如何使用 JavaScript 的 prompt 对话框中的输入内容，来替换 HTML 文档中的主标题。

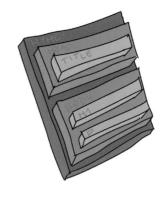

我们还将认识一个有用的工具 jQuery，它与 DOM 一起工作时会让 DOM 使用起来更为简单。jQuery 提供了一组函数，可以用它们来选择元素并且对这些元素进行修改。

在本章中，我们将介绍如何使用 DOM 和 jQuery 来编辑已有的 DOM 元素和创建新的 DOM 元素，从而用 JavaScript 对 Web 页面内容进行完全控制。我们还会介绍如何使用 jQuery 让 DOM 元素产生动画效果，例如实现元素的淡入和淡出。

9.1 选择 DOM 元素

当把 HTML 元素加载到浏览器中的时候，浏览器会把这个元素转换到一个类似于树的结构之中。这个树叫作 DOM 树。图 9-1 展示了一个简单的 DOM 树，在第 5 章中，我们曾经使用相同的树来描述 HTML 的层级。浏览器为 JavaScript 程序员提供了一种访问和修改这种树结构的方式，也就是使用名为 DOM 的方法集合。

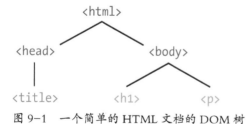

图 9-1　一个简单的 HTML 文档的 DOM 树

9.1.1　用 id 标识元素

HTML 的 id 属性允许为 HTML 元素指定唯一的名字或者标识符。例如，h1 元素有一个 id 属性：

```
<h1 id="main-heading">Hello world!</h1>
```

在这个示例中，"main-heading" 的 id 使得我们能够识别并最终修改这个特定的标题，而不会影响到其他元素，甚至不会影响到其他 h1 标题。

9.1.2　使用 getElementById 选中一个元素

id 可以唯一地标识一个元素（每个 id 必须有一个唯一的值），可以使用 DOM 方法 document.getElementById 来返回 "main-heading" 元素：

```
var headingElement = document.getElementById("main-heading");
```

通过调用 document.getElementById（"main-heading"），告诉浏览器查找 id 为 "main-heading" 的元素。这次调用返回与该 id 相对应的一个 DOM 对象，将这个 DOM 对象保存到变量 headingElement 中。

一旦选中一个元素，就可以使用 JavaScript 对它进行操作。例如，可以使用 innerHTML 属性获取并替换这个选中的元素中的文本：

```
headingElement.innerHTML;
```

这行代码返回了 headingElement 的 HTML 内容，headingElement 是使用 getElementById 选中的元素。在这个示例中，这个元素的内容是我们在 <h1> 标签中输入的文本 "Hello world ！"。

9.1.3　使用 DOM 替换标题文本

下面是使用 DOM 替换标题文本的一个示例。首先，创建一个名为 dom.html 的 HTML 文档，它包含了如下内容：

```
<!DOCTYPE html>
<html>
<head>
    <title>Playing with the DOM</title>
```

```
    </head>

    <body>
        <h1 id="main-heading">Hello world!</h1>

        <script>
❶      var headingElement = document.getElementById("main-heading");
❷      console.log(headingElement.innerHTML);
❸      var newHeadingText = prompt("Please provide a new heading:");
❹      headingElement.innerHTML = newHeadingText;
        </script>
    </body>
    </html>
```

在 ❶ 处，使用 document.getElementById 获取 h1 元素（id 为 "main-heading"），并且把它保存到变量 headingElement 中。在 ❷ 处，将 headingElement.innerHTML 返回的字符串打印出来，也就是把 "Hello world！" 打印到控制台。在 ❸ 处，使用一个 prompt 对话框要求用户输入一个新的标题，并且把用户输入的文本保存到变量 newHeadingText 中。最后，在 ❹ 处，将 headingElement 的 innerHTML 属性设置为 newHeadingText 中保存的文本。

当加载这个页面时，会看到如图 9-2 所示的一个 prompt 对话框。

把文本 JAVASCRIPT IS AWESOME 输入到这个对话框中，并且单击 OK 按钮。标题会立即修改为新的文本，如图 9-3 所示。

使用 innerHTML 属性，可以用 JavaScript 修改任意 DOM 元素的内容。

图 9-2　打开对话框的页面

图 9-3　修改标题后的页面

9.2　用 jQuery 操作 DOM

　　内建的 DOM 方法很强大，但是不太容易使用。因此，许多开发人员使用一种叫作 jQuery 的工具来访问和操纵 DOM 树。jQuery 是一个 JavaScript 类库，类库是相关工具的一个集合（主要是函数），就 jQuery 这个类库来说，它提供了使用 DOM 元素的一种更为简单的方式。一旦在页面中加载一个类库，除了 JavaScript 内建的函数以及浏览器提供的函数之外，还可以使用类库中的函数和方法。

9.2.1　在 HTML 页面中加载 jQuery

要使用 jQuery 类库，首先用如下的 HTML 代码让浏览器来加载它：

```
<script src="https://code.jquery.com/jquery-2.1.0.js"></script>
```

注意，这里的 \<script\> 标签没有内容，只有一个 src 属性。src 属性允许通过包含 JavaScript 文件的 URL，从而把它插入到页面中。在这个示例中，https://code.jquery.com/jquery-2.1.0.js 是 jQuery 网站上的一个特定版本的 jQuery（2.1.0 版本）。

要查看 jQuery 类库，访问这个 URL，当添加了 \<script\> 标签，就会看到已经加载了相应的 JavaScript 库。然而，整个类库有超过 9000 行复杂的 JavaScript 代码，所以现在先不要想去了解所有内容。

9.2.2　使用 jQuery 替代标题文本

在 9.1.3 小节中，我们学习了如何使用内建的 DOM 方法来替换文本。在本节中，我们将修改代码，使用 jQuery 来替换标题文本。打开 dom.html，进行如下所示的修改。

```
<!DOCTYPE html>
<html>
<head>
    <title>Playing with the DOM</title>
</head>

<body>
    <h1 id="main-heading">Hello world!</h1>

❶    <script src="https://code.jquery.com/jquery-2.1.0.js"></script>

    <script>
    var newHeadingText = prompt("Please provide a new heading:");
❷    $("#main-heading").text(newHeadingText);
    </script>
</body>
</html>
```

在 ❶ 处，在页面中添加了一个新的 \<script\> 标签以加载 jQuery。加载 jQuery 之后，使用 jQuery 的 $ 函数来选取一个 HTML 元素。

$ 元素接受一个叫作选择器字符串（selector string）的参数，该参数告诉 jQuery 要从 DOM 树中选择哪一个或哪些元素。在这个示例中，输入 "#main-heading" 作为参数。在选择器字符串中，# 字符表示"ID"，所以选择器字符

串 "#main-heading" 的含义是 "id 为 main-heading 的元素"。

$ 函数返回表示选中的元素的一个 jQuery 对象。例如，$（"#main-heading"）返回表示（id 为 "main-heading"）h1 元素的 jQuery 对象。

现在，有了表示 h1 元素的 jQuery 对象。在 ❷ 处，可以调用 jQuery 对象的 text 方法来修改它的文本，传入用于该元素的新的文本，用保存在变量 newHeadingText 中的用户输入的内容来替换标题的文本。和前面一样，当加载这个页面时，弹出一个 prompt 对话框，请我们输入内容，以用来替换掉 h1 元素中的旧文本。

9.3　用 jQuery 创建一个新的元素

除了用 jQuery 操作元素之外，也可以用 jQuery 创建新的元素，并且把它们添加到 DOM 树中。要实现上述功能，需要调用 jQuery 对象的 append 方法，参数是包含 HTML 的一个字符串。append 方法把这个字符串转换成一个 DOM 元素（使用字符串中的 HTML 标签），并且把这个新的元素添加到最初的元素的末尾。

例如，要在页面的末尾处添加一个 p 元素，可以在 JavaScript 中添加如下代码：

```
$("body").append("<p>This is a new paragraph</p>");
```

这条语句的第一部分使用 $ 函数与选择器字符串 "body" 选择 HTML 文档的 body 元素。选择器字符串并不一定必须是 id。代码 $（"body"）选择了 body 元素。同样，也可以使用代码 $（"p"）选中所有 p 元素。

接下来，在 $（"body"）所返回的对象上，调用 append 方法。传递给 append 的字符串会转换成一个 DOM 元素，它被添加到结束标签之前的 body 元素中。图 9-4 展示了修改后页面的样子。

图 9-4　添加了一个新元素的文档

还可以使用 append 把多个元素添加到一个 for 循环中，如下所示：

```
for (var i = 0; i < 3; i++) {
  var hobby = prompt("Tell me one of your hobbies!");
  $("body").append("<p>" + hobby + "</p>");
}
```

这个循环执行了 3 次。每执行一次循环，都会弹出一个输入框，要求用户输入他们的爱好。然后，会把每个爱好放到一组 <p> 标签中，并且把它传递给 append 方法，把这个爱好添加到 body 元素的末尾。试着把这些代码添加到 dom.html 文档中，然后在浏览器中加载并测试它们。效果应该如图 9-5 所示。

图 9-5　在一个循环中添加额外的元素

9.4　使用 jQuery 让元素产生动画效果

许多网站使用动画来展示和隐藏内容。例如，如果要添加一个新的段落文本到页面中，可能想要令其慢慢淡入，而不是突然出现。

jQuery 使得实现元素动画变得容易。例如，要淡出一个元素，可以使用 fadeOut 方法。要测试这个方法，用下面的代码替换 dom.html 中第 2 个 script 元素中的内容：

```
$("h1").fadeOut(3000);
```

使用 $ 函数选中所有 h1 元素。因为 dom.html 只有一个 h1 元素（包含文本"Hello world！"的标题），这个标题作为一个 jQuery 对象选中。通过对这个 jQuery 对象调用 .fadeOut（3000），该标题会渐渐淡去直到消失，整个过程需要 3 秒钟的时间。（fadeOut 的参数是以毫秒为单位的，毫秒是一秒的千分之一，所以 3000 表示持续 3 秒钟的动画。）

只要加载包含这行代码的页面，h1 元素就开始渐渐淡去。

9.5　链化 jQuery 的动画方法

当调用 jQuery 对象的方法时，方法通常返回最初调用它的对象。例如，$("h1") 返回表示所有 h1 元素的一个 jQuery 对象，$("h1").fadeOut(3000) 返回同样表示所有 h1 元素的 jQuery 对象。要修改 h1 元素的文本，并且使它的颜色淡去，可以输入如下代码：

```
$("h1").text("This will fade out").fadeOut(3000);
```

像这样在一行中调用多个方法叫作链化（chaining）。

可以对相同的元素链化多个动画效果。例如，可以把方法 fadeOut 和 fadeIn 的调用链化起来，以便淡出一个元素后再立即将其淡入：

```
$("h1").fadeOut(3000).fadeIn(2000);
```

fadeIn 动画效果让一个不可见的元素淡入回来。jQuery 很聪明，知道像这样在一行中链接两个动画效果，可能是想要让它们一个接着一个地完成。因此，这行代码先用 3 秒钟把 h1 元素淡出，然后再用 2 秒钟把它淡入回来。

jQuery 提供了类似于 fadeOut 和 fadeIn 的两个额外的动画方法，分别名为 slideUp 和 slideDown。slideUp 方法通过向上滑动效果让元素消失，slideDown 通过向下滑动效果让它们再次出现。用如下的代码替代 dom.html 文档中的第 2 个 script 元素，重新加载页面并测试：

```
$("h1").slideUp(1000).slideDown(1000);
```

这里选中了 h1 元素，用 1 秒钟让它向上滑动消失，然后用 1 秒钟让它向下滑动重现。

使用 fadeIn 使得不可见的元素变得可见。但是，如果对一个已经可见的元素或者紧跟在已经实现了动画的元素后面的一个元素调用 fadeIn，会发生什么情况？

例如，假设在 dom.html 文档中的标题后边添加一个新的 p 元素。尝试使用 slideUp 和 slideDown 来隐藏和显示 h1 元素，看看对 p 元素会产生什么影响。如果使用 fadeOut 和 fadeIn，又会怎样？

如果对相同的元素调用 fadeOut 和 fadeIn，而不使用链化，会发生什么情况？如下所示：

```
$("h1").fadeOut(1000);
$("h1").fadeIn(1000);
```

尝试把前面的代码添加到一个 for 循环中执行 5 次。会发生什么情况？

对 jQuery 的显示方法和隐藏方法所做的事情，你怎么想？尝试运行这些方法，以验证你的想法是否正确。如何才能使用隐藏方法淡入一个已经可见的元素？

9.6　本章小结

在本章中，我们介绍了如何操作 DOM 元素，从而使用 JavaScript 来更新 HTML。正如你所见到的，jQuery 提供了功能更强大的方法来选择元素、修改元素甚至对其实现动画。我们还介绍了一个新的 HTML 属性——id，它允许给元素一个唯一的标识符。

在下一章中，我们将学习在 JavaScript 运行时如何控制它，例如，当定时器计时完成或者当单击一个按钮的时候。我们还会看到，如何多次运行相同的代码段，每次之间有一个延时，例如，每秒钟更新一次时钟。

9.7　编程挑战

尝试一下这些挑战，以使用 jQuery 和 DOM 做更多的事情。

#1: 用 jQuery 列出你的好朋友（让他们露出笑脸！）

创建包含一些朋友的名字的一个数组。使用 for 循环，为每个朋友创建一个 p 元素，并且使用 jQuery 的 append 方法把它们添加到 body 元素的末尾。使用 jQuery 修改 h1 元素，以便它和朋友们打招呼而不是说"Hello world！"。使用隐藏方法，后面跟着 fadeIn 方法，以淡入所提供的每个名字。

现在，修改你创建的 p 元素，在每个朋友后边增加一个文本"笑脸！"。提示：如果使用 $("p") 选择 p 元素，append 方法会应用于所有的 p 元素。

#2: 实现一个标题闪烁

如何使用 fadeOut 和 fadeIn 让标题一秒钟闪烁 5 次？可以使用 for 循环来实现吗？尝试修改这个循环，以便第 1 次用一秒钟来淡出和淡入，第 2 次用两秒钟，第 3 次用三秒钟，以此类推。

#3: 延迟动画

delay 方法可以用于延迟动画。使用 delay 方法、fadeOut 方法和 fadeIn 方法，让页面上的元素淡出，然后过 5 秒钟再淡入回来。

#4: 使用 fadeTo 方法

尝试使用 fadeTo 方法。它的第 1 个参数是一个毫秒数，就像其他所有动画方法一样。它的第 2 个参数是从 0 到 1 的一个数字。当运行下面的代码时，会发生什么情况？

```
$("h1").fadeTo(2000, 0.5);
```

你认为第 2 个参数表示什么？尝试使用 0 到 1 之间的不同的值，以便搞清楚第 2 个参数的用途。

第 10 章
交互式编程

　　到目前为止，只要页面一加载，就会运行页面中的
JavaScript 代码，只有包含了对 alert 或 confirm 这样的函数调用
的时候，程序才会暂停。但是，我们并不是总希望页面一加载就
运行所有的代码，如果想要让一些代码延迟运行或者用户做了某
些响应动作之后才运行，该怎么办呢？

在本章中，当代码运行时，我们会看到不同的修改方法。这种编程方式叫作交互式编程（interactive programming）。我们可以创建交互的 Web 页面，让页面随着时间而改变，并且能够响应用户的行为。

10.1　使用 setTimeout 函数延时代码

我们可以告诉 JavaScript 在一定时间之后执行一个函数，而不是立即执行该函数。像这样来延时一个函数，在 JavaScript 中叫作设置超时（timeout）。在 JavaScript 中，使用 setTimeout 函数来设置延时。这个函数接受两个参数（如图 10-1 所示）：分别是一段时间之后要调用的函数以及所要等待的时间（毫秒）。

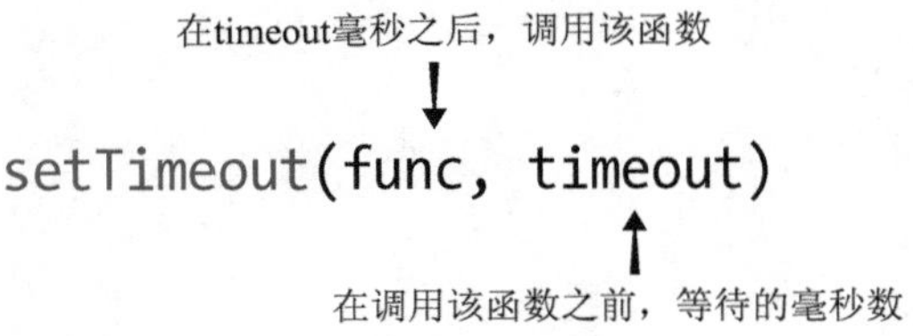

在timeout毫秒之后，调用该函数

```
setTimeout(func, timeout)
```

在调用该函数之前，等待的毫秒数

图 10-1　setTimeout 的参数

下面的程序清单展示了如何使用 setTimeout 来显示一个 alert 对话框。

```
❶ var timeUp = function () {
     alert("Time's up!");
   };

❷ setTimeout(timeUp, 3000);
   1
```

在 ❶ 处，创建了 timeUp 函数，该函数打开一个 alert 对话框，显示 "Time's up！"。在 ❷ 处，调用 setTimeout 函数，接受的两个参数是：想要调用的函数（timeUp）和调用函数前等待的毫秒数（3000）。实际上是表示"等 3 秒钟后再调用 timeUp 函数"。当第一次调用 setTimeout（timeUp，3000）时，什么都没发生，但是在 3 秒钟之后调用 timeUp 函数，就弹出了一个 alert 对话框。

注意，调用 setTimeout 的返回值是 1。这个返回值叫作 timeout ID。timeout ID 是一个数字，用来表示这个特定的 timeout（函数调用延迟的时间）。返回的实际数字可以是任意的数值，因为它只是一个标识符。再次调用 setTimeout，它会返回一个不同的 timeout，如下所示：

```
setTimeout(timeUp, 5000);
2
```

可以使用 clearTimeout 这个函数的 timeout ID 来取消特定的 timeout。后面我们将会看到这一点。

10.2 取消一个 timeout

使用 setTimeout 函数创建了一个延迟函数调用之后，可能会发现实际上并不想要调用该函数。例如，设置了一个闹钟来提醒做作业，但是作业已经提前完成了，那就想要取消这个闹钟。要取消 timeout，在 setTimeout 返回的 timeout ID 上调用 clearTimeout 函数。例如，假设创建如下所示的一个 "do your homework" 闹钟：

```
var doHomeworkAlarm = function () {
  alert("Hey! You need to do your homework!");
};
```

❶ `var timeoutId = setTimeout(doHomeworkAlarm, 60000);`

函数 doHomeworkAlarm 弹出一个警告对话框，提醒你要做作业。当调用 setTimeout（doHomeworkAlarm，60000）时，告诉 JavaScript 过 60000 毫秒（或者 60 秒）之后，再执行这个函数。在 ❶ 处，调用 setTimeout，并且把 timeout ID 保存到一个名为 timeoutId 的变量中。

要取消这个 timeout，把 timeout ID 传递给 clearTimeout 函数，如下所示：

```
clearTimeout(timeoutId);
```

现在，setTimeout 最终不会调用 doHomeworkAlarm 函数了。

10.3 用 setInterval 多次调用代码

setInterval 函数就像 setTimeout 函数一样，只不过它在周期性的暂停（或间隔）后，重复调用指定的函数。例如，如果想要用 JavaScript 来更新一个闹钟显示，可以使用 setInterval，每秒钟调用一次更新函数。setInterval 函数接

受两个参数：分别是想要调用的函数和间隔的时间长度（毫秒），如图 10-2
所示。

每隔 interval 毫秒所调用的函数

$\downarrow$

setInterval(func, interval)

$\uparrow$

每次调用之间等待的毫秒数

图 10-2　setInterval 的参数

可以每秒钟写一条消息到控制台，如下所示：

```
❶ var counter = 1;

❷ var printMessage = function () {
     console.log("You have been staring at your console for " + counter ↵
   + " seconds");
❸   counter++;
   };

❹ var intervalId = setInterval(printMessage, 1000);
   You have been staring at your console for 1 seconds
   You have been staring at your console for 2 seconds
   You have been staring at your console for 3 seconds
   You have been staring at your console for 4 seconds
   You have been staring at your console for 5 seconds
   You have been staring at your console for 6 seconds
❺ clearInterval(intervalId);
```

在 ❶ 处，创建了一个名为 counter 的变量，
并且将其设置为 1。使用该变量来记录查看控
制台的秒数。

在 ❷ 处，创建了一个名为 printMessage
的函数。这个函数做两件事情。首先，它打
印出一条消息以告知已经盯着控制台有多久
了。然后，在 ❸ 处，递增了变量 counter。

接下来，在 ❹ 处，调用 setInterval，把
printMessage 函数和数字 1000 作为参数传
递给它。这个 setInterval 调用的含义是"每
1000 毫秒调用 1 次 printMessage 函数"。就

像 setTimeout 返回 timeout ID 一样，setInterval 会返回 interval ID，将其保存到变量 intervalId 中。可以使用这个 interval ID 来告诉 JavaScript 停止执行该 printMessage 函数。在 ❺ 处，使用 clearInterval 函数来做到这一点。

> **试试看**
>
> 修改前面的示例，改为每 5 秒钟打印 1 条消息，而不再是每 1 秒钟打印 1 条消息。

10.4　使用 setInterval 函数实现元素动画

事实证明，可以使用 setInterval 函数让元素在浏览器中具有动画效果。需要创建一个函数来稍稍移动一个元素，然后把该函数和一个短暂的间隔时间作为参数传递给 setInterval。如果移动足够小并且时间间隔足够短，那么动画效果看上去就非常平缓。

通过在浏览器窗口中将一些文本水平移动，从而让这些文本的位置在一个 HTML 文档中产生动画效果。创建一个名为 interactive.html 的文档，将如下的 HTML 内容填写进去：

```
<!DOCTYPE html>
<html>
<head>
    <title>Interactive programming</title>
</head>

<body>
    <h1 id="heading">Hello world!</h1>

    <script src="https://code.jquery.com/jquery-2.1.0.js"></script>

    <script>
    // We'll fill this in next
    </script>
</body>
</html>
```

现在，来看看 JavaScript。和往常一样，把代码放在 HTML 文档的 <script> 标签中。

```
❶  var leftOffset = 0;

❷  var moveHeading = function () {
❸    $("#heading").offset({ left: leftOffset });

❹    leftOffset++;

❺    if (leftOffset > 200) {
        leftOffset = 0;
      }
    };

❻  setInterval(moveHeading, 30);
```

当打开这个页面时，会看到标题元素在屏幕上缓慢移动了 200 个像素；然后，该元素跳回到起始点，再次开始移动。来看看它是如何工作的。

在 ❶ 处，创建了变量 leftOffset，稍后会用它来定位 "Hello world！" 标题。它最初的值是 0，表示标题从页面的最左边开始移动。

接下来，在 ❷ 处，创建了 moveHeading 函数，稍后会通过 setInterval 来调用它。在 moveHeading 函数中，在 ❸ 处，使用 $（"#heading"）来选中 id 为 "heading" 的元素（h1 元素），并且使用 offset 方法设置标题的左边距，也就是标题距离屏幕左边缘的距离。

offset 方法可以接受包含 left 属性的对象，以设置元素的左偏移位置；或者接受包含 top 属性的对象，以设置元素的上偏移位置。在这个示例中，使用 left 属性，并将其设置为 leftOffset 变量。如果想要一个静态的偏移位置（也就是说，偏移位置不会改变），可以把这个属性设置成一个数值。例如，调用 $（"#heading"）.offset（｛ left: 100 ｝），会把标题元素放置在距离页面左边缘 100 像素的地方。

在 ❹ 处，把 leftOffset 变量加 1。为了确保标题元素不会移动太远，在 ❺ 处查看 leftOffset 是否大于 200；如果大于 200，把它重新设置为 0。最后，在

❻ 处，调用 setInterval 函数，接受的参数为 moveHeading 和数字 30（表示 30 毫秒）。

这个代码会每隔 30 毫秒调用 moveHeading 函数 1 次，也就是大约每秒钟调用 33 次 moveHeading 函数。每次调用 moveHeading 函数，leftOffset 变量都会递增，这个变量的值用于设置标题元素的位置。由于持续地调用这个函数，而 leftOffset 每次加 1，因此标题每 30 毫秒就会在屏幕上缓慢地移动 1 个像素。

> **试试看**
>
> 可以通过每次调用 moveHeading 函数时加大 leftOffset 的递增量，以加速动画；也可以通过 setInterval 减少调用 moveHeading 之间的等待时间来加速动画。
>
> 如果想要让标题移动的速度加倍，该怎么做？试试这两种技术方案。看看有什么不同？

10.5 对用户行为做出响应

正如你所见到的，当代码运行时，一种控制方式就是使用函数 setTimeout 和 setInterval，一旦经过一段固定的时间，它们就会运行一个函数。另一种方式就是只有当用户执行特定的行为时，例如单击、键盘输入或者只是移动鼠标，才会运行代码。这就可以让用户与页面进行交互，以便页面根据用户的行为进行响应。

在浏览器中，每次执行一个诸如单击、键盘输入或者移动鼠标这样的动作，就会触发一个事件调用。事件就是浏览器表示"这个事情发生了！"的方式。我们可以在事件发生的位置为元素增加一个事件处理程序，以监控这些事件。增加一个事件处理程序就是告诉 JavaScript："如果该元素上发生了这个事件，就调用这个函数"。例如，如果当用户单击标题元素时，想要调用一个函数，就可以为这个标题元素添加一个单击事件。我们后面会介绍如何做到这一点。

10.5.1 对单击做出响应

当用户在浏览器中单击一个元素时，这会触发一个单击事件。jQuery 使得为单击事件添加处理程序变得简单。打开之前创建的 interactive.html 文档，使用 File/Save As 把它另存为 clicks.html，用如下的代码替换其第 2 个 script

元素。

```
❶ var clickHandler = function (event) {
❷   console.log("Click! " + event.pageX + " " + event.pageY);
  };

❸ $("h1").click(clickHandler);
```

在 ❶ 处，创建了接受单个参数 event 的 clickHandler 函数。当调用这个函数时，event 参数是包含单击事件相关信息（例如，单击的位置）的一个对象。在 ❷ 处，这个处理程序函数中，使用 console.log 把这个 event 的 pageX 和 pageY 属性输出。换句话讲，这些属性告诉我们该 event 的 x 坐标和 y 坐标，也就是发生单击的页面位置。

最后，在 ❸ 处，激活了单击处理程序。代码 $("h1") 选中 h1 元素，调用 $("h1"). click（clickHandler）的含义是"当单击 h1 元素时，调用 clickHandler 函数，并且将 event 对象传递给该函数"。在这个示例中，单击处理程序从这个 event 对象中获取信息，并且输出单击位置的 x 坐标和 y 坐标。

在浏览器中重新加载修改过的页面，并且单击标题元素。每次单击标题，都会有新的一行输出到控制台，如下面的列表所示。每行显示两个数字，即单击位置的 x 坐标和 y 坐标。

```
Click! 88 43
Click! 63 53
Click! 24 53
Click! 121 46
Click! 93 55
Click! 103 48
```

浏览器坐标

在 Web 浏览器以及大部分的编程和图形环境中，x 坐标和 y 坐标的 0 位置位于屏幕的左上角。随着 x 坐标的增加，向页面的右方移动；随着 y 坐标的增加，向页面的下方移动（如图 10-3 所示）。

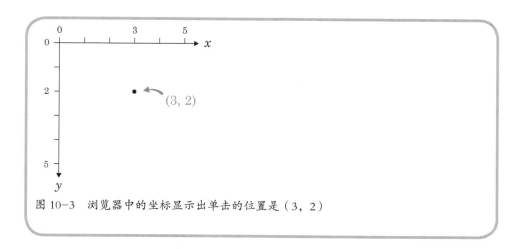

图 10-3　浏览器中的坐标显示出单击的位置是（3，2）

10.5.2　鼠标移动事件

每次鼠标移动都会触发 mousemove 事件。尝试创建一个名为 mousemove. html 的文件，并且输入如下代码：

```
<!DOCTYPE html>
<html>
<head>
    <title>Mousemove</title>
</head>

<body>
    <h1 id="heading">Hello world!</h1>

    <script src="https://code.jquery.com/jquery-2.1.0.js"></script>

    <script>
❶      $("html").mousemove(function (event) {
❷        $("#heading").offset({
            left: event.pageX,
            top: event.pageY
        });
      });
    </script>
</body>
</html>
```

在 ❶ 处，使用 $（"html"）.mousemove（handler）为 mousemove 添加了一个处理程序。在这个示例中，处理程序是出现在 mousemove 之后和 </script> 之前的整个函数。使用 $（"html"）选中这个 html 元素，以便当鼠标在页面上任何位置移动时都会触发这个处理程序。每次用户移动鼠标，都会调用传递到 mousemove 后面的括号中的函数。

在这个示例中，把这个处理程序函数直接传递给 mousemove 方法，而不是单独创建一个事件处理程序并将该函数名称传递给 mousemove 方法（就像之前在 clickHandler 函数中所做的那样）。这是编写事件处理程序的常见方法，所以最好熟悉这种类型的语法。

在 ❷ 处，在这个事件处理程序函数中，选择了标题元素，并且调用了它的 offset 方法。正如前面所介绍的，传递给 offset 的对象拥有 left 属性和 top 属性。在这个示例中，将 left 属性设置为 event.pageX，将 top 属性设置为 event.pageY。现在，每次移动鼠标，标题将会移动到该位置。换句话讲，无论把鼠标移动到什么位置，标题都会跟着移动。

10.6　本章小结

在本章中，我们介绍了如何编写想要让其运行时才会运行的 JavaScript。对于实现延迟之后或者间隔特定时间之后运行的代码，setTimeout 函数和 setInterval 函数都是很不错的。如果想要用户在浏览器中执行了某些动作之后再运行代码，可以使用诸如 click 或 mousemove 的事件，但 JavaScript 中还有很多其他的事件。

在下一章中，我们将介绍如何使用学过的知识来创建一个游戏。

10.7　编程挑战

下面的这些挑战可以探索使用交互编程的多种方式。

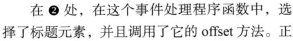

#1：跟随单击移动

　　修改前面的 mousemove 程序，让标题不再跟随着鼠标移动，而只是在单击后才会移动。无论单击页面的什么位置，标题都会移动到单击的位置。

#2：创建自己的动画

使用 setInterval 实现 h1 标题元素在页面上以正方形轨迹移动的动画效果。它应该向右移动 200 个像素，向下移动 200 个像素，向左移动 200 个像素，向上移动 200 个像素，然后回到起点。提示：需要记录当前的方向（前、后、左、右），才能够知道是否向左或向下增加或减少标题的 offset。当到达正方形的一角时，还需要修改这个方向。

#3：用 click 取消动画

在挑战 #2 的基础上继续构建，为移动的 h1 元素添加一个单击事件处理程序，以取消这个动画。提示：你可以使用 clearInterval 函数来取消 interval。

#4：创建一个"Click the Header"游戏

修改挑战 #3，以便玩家每次单击标题时，不再停止，而是加速标题的运动，以便越来越难单击它。记录单击标题的次数，并且更新标题文本以显示这个数字。当玩家的单击达到 10 次时，停止动画，并且把标题文本改为："You Win."。提示：为了加速，你必须要取消当前的 interval，然后开始一个更短间隔时间的 interval。

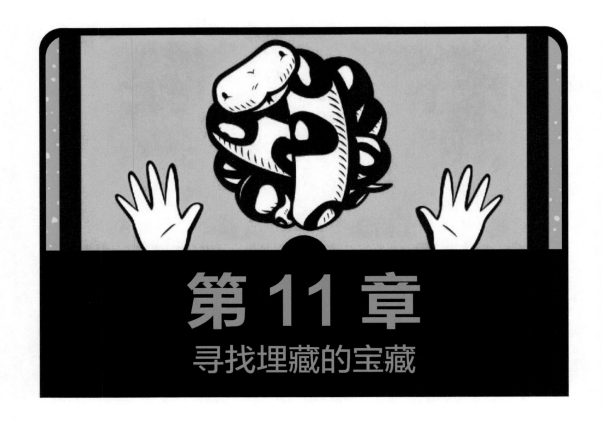

第 11 章

寻找埋藏的宝藏

　　让我们把目前已经学到的知识很好地利用起来，来开发一款游戏。这款游戏的目标是找到埋藏的宝藏。在游戏中，Web 页面将显示一张藏宝图。在地图中，游戏将会选取一个单个的像素位置，这表示埋藏保障的地方。每次玩家单击地图，Web 页面都会告诉他距离宝藏有多近。当他们单击到宝藏的位置（或者距离宝藏很近），游戏就会祝贺他们找到了宝藏，并且指出用了多少次单击才找到宝藏。图 11-1 展示了在玩家单击地图之后游戏的样子。

图 11-1　寻找埋藏的宝藏的游戏

11.1　设计游戏

在开始编写代码之前，先将游戏的整体结构分析一遍。要构建这款游戏，需要有一些步骤，这样当玩家单击藏宝图的时候，游戏才会响应。

1. 创建一个 Web 页面，它带有一幅图像（藏宝图）以及一个向玩家显示消息的地方。

2. 在地图图片上选取一个随机的点来埋藏宝藏。

3. 创建一个单击事件处理程序。每次玩家单击地图，这个单击事件处理程序都会做如下的事情：

a. 将单击计数加 1。

b. 计算单击位置距离宝藏位置有多远。

c. 在 Web 页面上显示一条消息，告诉玩家他们是热还是冷。

d. 如果玩家在宝藏上单击或者距离宝藏很近，恭喜玩家，并且显示他们用了多少次单击找到了宝藏。

我将展示如何实现游戏中的这些功能的每一项，然后，再来浏览完整的
代码。

11.2　用 HTML 创建 Web 页面

先来看一下游戏的 HTML。我们将针对宝藏地图使用一个名为 img 的新
元素，并且添加一个 p 元素，可以在 p 元素处向玩家显示消息。将如下代码
输入到一个名为 treasure.html 的新文件中。

```
<!DOCTYPE html>
<html>
<head>
    <title>Find the buried treasure!</title>
</head>

<body>
    <h1 id="heading">Find the buried treasure!</h1>

❶    <img id="map" width=400 height=400 ↵
❷      src="http://nostarch.com/images/treasuremap.png">

❸    <p id="distance"></p>

    <script src="https://code.jquery.com/jquery-2.1.0.js"></script>

    <script>
    // Game code goes here
    </script>
</body>
</html>
```

img 元素用于在 HTML 文档中包含图像。和我们所看到的其他的 HTML
元素不同，img 不使用结束标签。我们只需要一个开始标签，它和其他的
HTML 标签一样，可以包含各种属性。在 ❶ 处，我们添加了带有一个 "map"
的 id 的 img 元素。我们使用 width 和 height 属性设置该元素的宽度和高度，
二者都设置为 400。这意味着，该元素将会是 400 像素高和 400 像素宽。

为了告诉文档我们要显示哪个元素，在 ❷ 处，使用 src 属性来包含图像
的 Web 地址。在这个例子中，我们链接到 No Starch Press 网站上一幅名为
treasuremap.png 的图像。

在 ❸ 处，跟在该 img 元素后面的是一个空的 p 元素，我们给它一个名为

"distance" 的 id。我们将使用 JavaScript 告诉玩家他们距离宝藏有多么近，从而给该元素添加文本。

11.3　选取一个随机藏宝位置

现在，我们来构建游戏的 JavaScript 代码。首先，我们需要在藏宝地图图像中为藏宝选取一个随机的位置。由于地图的大小是 400 像素 × 400 像素的大小，左上角的像素的坐标将是 { x: 0, y: 0 }，而右下角的像素将会是 { x: 399, y: 399 }。

11.3.1　选取随机数

为了在藏宝图中设置一个随机的坐标点，我们为 x 值和 y 值分别选取一个 0 到 399 之间的随机数。为了生成这个随机数，我们编写了一个函数，它接受一个 size 参数作为输入，并且选取从 0 到 size（但是不包括 size）的一个随机数：

```
var getRandomNumber = function (size) {
  return Math.floor(Math.random() * size);
};
```

这段代码类似于前面章节中用于选取随机单词的代码。使用 Math.random 生成 0 到 1 之间的一个随机数，将其和 size 参数相乘，然后，使用 Math. floor 将数字舍入为一个整数。然后，将结果作为函数的返回值输出。调用 getRandomNumber（400）将返回 0 到 399 之间的一个随机数，而这正是我们所需要的。

11.3.2　设置宝藏坐标

现在，使用 getRandomNumber 函数来设置宝藏坐标：

```
❶ var width = 400;
  var height = 400;

❷ var target = {
    x: getRandomNumber(width),
    y: getRandomNumber(height)
  };
```

❶ 处的代码段设置了 width 和 height 变量，它们表示用作藏宝图的 img 元素的宽度和高度。在 ❷ 处，创建了一个名为 target 的对象，它有两个属性，即 x 和 y，表示埋藏的宝藏的坐标。x 和 y 坐标都通过 getRandomNumber 来设置。每次运行这段代码，我们都会得到地图上的一个新的随机位置，并且选取的坐标将存储到 target 变量的 x 和 y 属性中。

11.4　单击事件处理程序

单击事件处理程序是当单击藏宝图的时候所调用的函数。用如下代码开始构建该函数：

```
$("#map").click(function (event) {
  // Click handler code goes here
});
```

首先，使用 $（"#map"）选择藏宝图区域（因为 img 元素有一个 "map" 的 id），随后进入到单击事件处理函数。每次玩家单击地图，都会执行花括号之间的函数体。有关单击的信息，会通过 event 参数作为对象传递到函数体中。

单击事件处理函数需要做一些工作：它必须增加单击计数，计算每次单击距离宝藏有多远，并且显示消息。在我们填入单击事件处理函数的代码之间，定义一些变量并创建其他的一些函数，它们将帮助执行所有这些步骤。

11.4.1　统计单击

单击事件处理程序需要做的第一件事情就是记录总的单击次数。为了做到这点，在程序的开始（在单击事件处理程序之外），创建了一个名为 clicks 的变量并将其初始化为 0：

```
var clicks = 0;
```

在单击事件处理程序中，包含了 clicks++，以便每次玩家单击地图，都会将 clicks 加 1。

11.4.2　计算单击和宝藏之间的距离

要搞清楚玩家是热还是冷（接近宝藏或者远离宝藏），我们需要测量玩家单击和藏宝之间的距离。为了做到这点，编写了一个名为 getDistance 的函数，如下所示：

```
var getDistance = function (event, target) {
  var diffX = event.offsetX - target.x;
  var diffY = event.offsetY - target.y;
  return Math.sqrt((diffX * diffX) + (diffY * diffY));
};
```

　　getDistance 函数接受两个对象作为参数，即 event 和 target。event 对象是传递给单击事件处理程序的对象，并且它带有关于玩家单击的很多内建信息。特别是，它包含了名为 offsetX 和 offsetY 的两个属性，它们告诉我们单击的 x 坐标和 y 坐标，这是所需的具体信息。

　　在该函数中，变量 diffX 存储了单击位置和目标之间的水平距离，这是通过将 target.x（宝藏的 x 坐标）和 event.offsetX（单击的 x 坐标）相减而计算得到的。以同样的方式计算了两个点之间的垂直距离，并且将结果存储为 diffY。图 11-2 展示了如何计算两点之间的 diffX 和 diffY。

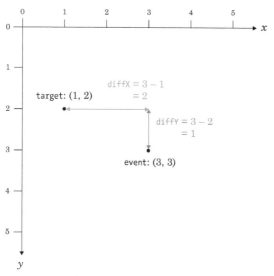

图 11-2　计算 event 和 target 之间的水平距离和垂直距离

11.4.3　使用毕达哥拉斯定理

　　接下来，getDistance 函数使用了毕达哥拉斯定理（Pythagorean theorem）来计算两个点之间的距离。毕达哥拉斯定理表明，对于一个直角三角形，其中 a 和 b 表示直角的两条边，而 c 表示斜边（又叫作弦），那么 $a^2 + b^2 = c^2$。

给定了 a 和 b 的长度，我们通过计算 $a^2 + b^2$ 的平方根来得到 c 的长度。

为了计算 event 和 target 之间的距离，我们将两个点当作是一个直角三角形的一部分来处理，如图 11-3 所示。在 getDistance 函数中，diffX 是三角形的水平边的长度，而 diffY 是垂直边的长度。

要计算单击处和宝藏之间的距离，需要根据 diffX 和 diffY 的长度来计算弦的长度。一个简单的计算如图 11-3 所示。

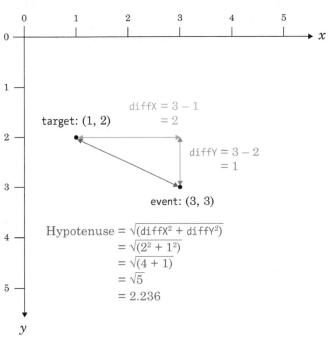

图 11-3　计算弦以求得 event 和 target 之间的距离

要得到弦的长度，首先必须将 diffX 和 diffY 平方。然后，将这些平方值相加，并且使用 JavaScript 函数 Math.sqrt 求得其平方根。因此，计算单击处和目标之间的距离的完整公式如下所示：

```
Math.sqrt((diffX * diffX) + (diffY * diffY))
```

getDistance 函数负责计算它并返回结果。

11.4.4　告诉玩家他们有多近

知道了玩家单击和宝藏之间的距离，我们想要显示一个提示，告诉玩家他距离宝藏有多么近，但并不会告诉他宝藏具体有多远。为此，使用如下的 getDistanceHint 函数：

```
var getDistanceHint = function (distance) {
  if (distance < 10) {
    return "Boiling hot!";
  } else if (distance < 20) {
    return "Really hot";
  } else if (distance < 40) {
    return "Hot";
  } else if (distance < 80) {
    return "Warm";
  } else if (distance < 160) {
    return "Cold";
  } else if (distance < 320) {
    return "Really cold";
  } else {
    return "Freezing!";
  }
};
```

该函数根据计算求得的到宝藏的距离返回不同的字符串。如果距离小于 10，该函数返回字符串 "Boiling hot！"。如果距离在 10 到 20 之间，该函数返回 "Really hot"。随着距离的增加，字符串的热度降低，直到某一个时刻，如果距离大于 320 像素，该函数返回 "Freezing！"。

将消息作为文本添加给 Web 页面的 p 元素，从而显示该消息。如下的代码将会放入到单击事件处理程序中，以计算距离、选取相应的字符串，并向玩家显示该字符串。

```
var distance = getDistance(event, target);
var distanceHint = getDistanceHint(distance);
$("#distance").text(distanceHint);
```

正如你所看到的，首先调用 getDistance，然后将结果保存为变量 distance。接下来，将 distance 传递给 getDistanceHint 函数，以选取相应的字符串并将其保存为 distanceHint。

代码 $("#distance").text(distanceHint)；选取了 id 为 "distance" 的元素（在本例中，是 p 元素），并且将其文本设置为 distanceHint，以便每次玩家单击地图的时候，Web 页面都会告诉他们距离目标有多近。

11.4.5　检查玩家是否赢了

最后，单击事件处理程序需要检查玩家是否赢了。由于像素很小，如果玩家的单击距离宝藏在 8 个像素之内，我们认为他们赢了，而不是要求玩家刚好单击到宝藏的确切位置。

如下代码检查到宝藏的距离，并且显示一条消息告诉玩家他们已经赢了：

```
if (distance < 8) {
  alert("Found the treasure in " + clicks + " clicks!");
}
```

如果距离小于8个像素，这段代码使用alert来告诉玩家，他们找到了宝藏，并且会显示他们用了多少次单击才找到。

11.5　综合应用

现在，我们将所有的代码段组合为一个完整的脚本。

```
// Get a random number from 0 to size
var getRandomNumber = function (size) {
  return Math.floor(Math.random() * size);
};

// Calculate distance between click event and target
var getDistance = function (event, target) {
  var diffX = event.offsetX - target.x;
  var diffY = event.offsetY - target.y;
  return Math.sqrt((diffX * diffX) + (diffY * diffY));
};

// Get a string representing the distance
var getDistanceHint = function (distance) {
  if (distance < 10) {
    return "Boiling hot!";
```

```
    } else if (distance < 20) {
      return "Really hot";
    } else if (distance < 40) {
      return "Hot";
    } else if (distance < 80) {
      return "Warm";
    } else if (distance < 160) {
      return "Cold";
    } else if (distance < 320) {
      return "Really cold";
    } else {
      return "Freezing!";
    }
  };

  // Set up our variables
❶ var width = 400;
  var height = 400;
  var clicks = 0;

  // Create a random target location
❷ var target = {
    x: getRandomNumber(width),
    y: getRandomNumber(height)
  };

  // Add a click handler to the img element
❸ $("#map").click(function (event) {
    clicks++;

    // Get distance between click event and target
❹   var distance = getDistance(event, target);
    // Convert distance to a hint
❺   var distanceHint = getDistanceHint(distance);

    // Update the #distance element with the new hint
❻   $("#distance").text(distanceHint);

    // If the click was close enough, tell them they won
❼   if (distance < 8) {
      alert("Found the treasure in " + clicks + " clicks!");
    }
  });
```

　　首先，getRandomNumber、getDistance 和 getDistanceHint 这 3 个函数，我们已经介绍过了。然后，在 ❶ 处，设置了所需的变量，width、height 和 clicks。此后，在 ❷ 处，为宝藏创建了随机的位置。

　　在 ❸ 处，创建了 map 元素上的单击事件处理程序。这里所做的第一件事情，是给 clicks 变量加 1。然后，在 ❹ 处，计算出了 event（单击位置）和 target（宝藏位置）之间的距离。在 ❺ 处，使用函数 getDistanceHint 将这个距离转换为表示距离的一个字符串（"Cold"、"Warm" 等）。在 ❻ 处，更新了显示，以便玩家看到距离目标有多远。最后，在 ❼ 处，检查距离是否小于 8，如果是的，告诉玩家他们获胜了以及用了多少次单击。

这是游戏的完整的 JavaScript 代码。如果将这些代码添加到 treasure.html 中的第二个 <script> 标签中，应该可以在浏览器中玩这个游戏了！你用了多少次单击才找到宝藏？

11.6 本章小结

在本章中，我们使用新的事件处理技术创建了一款游戏。还学习了 img 元素，它用来为 Web 页面添加图像。最后，学习了如何使用 JavaScript 计算两个点之间的距离。

在下一章中，我们将学习面向对象编程，它将给我们更多的工具来组织代码。

11.7 编程挑战

通过如下的方式来修改游戏并添加更多的功能。

#1：增加游戏区域

可以增加游戏的区域以使得游戏更难。将地图变为 800 像素高和 800 像素宽如何？

#2：添加更多消息

尝试添加一些额外的消息向玩家显示（如 "Really really cold！"），并且修改距离，让游戏体现你的特色。

#3：添加一个单击次数限制

添加一个单击次数的限制，如果玩家超过了这个限制，显示消息 "GAME OVER"。

#4：显示剩余的单击次数

在向玩家显示距离之后，将剩余的单击次数作为一条额外的文本显示出来，告诉玩家是否会失败。

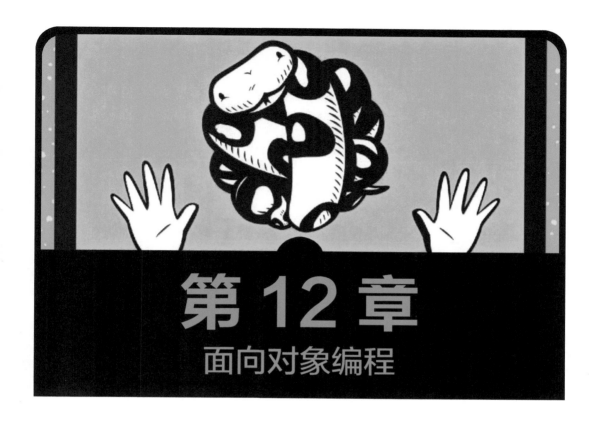

第 12 章
面向对象编程

第4章介绍了JavaScript对象，即键–值对的集合。在本章中，我们将在探讨面向对象编程的过程中，学习创建和使用对象的方式。面向对象编程是设计和编写程序的一种方式，即程序的所有重要部分都可以用对象来表示。例如，当构建一款赛车游戏的时候，可能要使用面向对象技术来把每一辆车表示为一个对象，然后，创建多个汽车对象，它们都具有相同的属性和函数。

12.1　一个简单的对象

在第 4 章中，我们介绍了对象是由属性组成的，它只不过是键 - 值对。例如，在下面的代码中，对象 dog、legs 和 isAwesome 表示具有属性 name 的一只狗：

```
var dog = {
  name: "Pancake",
  legs: 4,
  isAwesome: true
};
```

一旦创建了一个对象，我们使用点符号（参阅 4.2 节）来访问其属性。例如，下面展示了如何访问 dog 对象的 name 属性：

```
dog.name;
"Pancake"
```

也可以使用点符号给 JavaScript 对象添加一个属性，如下所示：

```
dog.age = 6;
```

这会给对象添加一个键 - 值对（age: 6），如下所示：

```
dog;
Object {name: "Pancake", legs: 4, isAwesome: true, age: 6}
```

12.2　给对象添加方法

在前面的示例中，我们创建了几个属性，在其中存储了不同种类的值，包括一个字符串（"Pancake"）、数字（4 和 6）和布尔类型（true）。除了字符串、数字和布尔类型，还可以将函数保存为对象中的一个属性。当你将函数保存为对象中的一个属性的时候，该属性称为方法（method）。实际上，我们已经使用过几个内建的 JavaScript 方法，例如数组的 join 方法和字符串的 toUpperCase 方法。

现在，来看看如何创建自己的方法。一种方法是，使用点符号给对象添加一种方法。例如，可以给 dog 对象添加一个名为 bark 的方法，如下所示：

```
❶ dog.bark = function () {
❷   console.log("Woof woof! My name is " + this.name + "!");
  };

❸ dog.bark();
  Woof woof! My name is Pancake!
```

在 ❶ 处，给 dog 对象添加了一个名为 bark 的属性，并且给它分配了一个函数。在 ❷ 处，在这个新的函数中，使用 console.log 来显示 "Woof woof！My name is Pancake！"。注意，该函数使用了 this.name，这会访问在对象的 name 属性中存储的值。我们进一步看看 this 关键字是如何起作用的。

12.2.1　使用 this 关键字

可以在方法中使用 this 关键字来引用对象，而这个对象是当前在其上调用方法的对象。例如，当在 dog 对象上调用 bark 方法的时候，this 引用的就是 dog 对象，因此 this.name 引用 dog.name。this 关键字使得方法用途更广，允许我们给多个对象添加相同的方法，并且允许访问当前在其上调用方法的任何对象的属性。

12.2.2　在多个对象之间共享方法

我们创建一个新的名为 speak 的函数，在表示不同动物的多个对象中，可以将其用作方法。当在一个对象上调用 speak 时，它将使用对象的名字（this.name），并且用该动物的叫声（this.sound）来显示一条消息。

```
var speak = function () {
  console.log(this.sound + "! My name is " + this.name + "!");
};
```

现在，创建另一对象，以便可以将 speak 作为一个方法添加给它：

```
  var cat = {
    sound: "Miaow",
    name: "Mittens",
❶   speak: speak
  };
```

这里，我们创建了一个名为 cat 的对象，带有 sound、name 和 speak 属性。在 ❶ 处，设置了 speak 属性并将前面所创建的 speak 函数赋值给它。现在，cat.speak 是一个方法，可以输入 cat.speak() 来调用它。由于在方法中使用了

this 关键字，当我们在其上调用 cat 的时候，它将会访问 cat 对象的属性。现在来看一看：

```
cat.speak();
Miaow! My name is Mittens!
```

当调用 cat.speak 方法的时候，它访问来自 cat 对象的两个属性：cat.speak（其值为 "Miaow"）和 this.name（其值为 "Mittens"）。

在其他的对象中，我们也可以将同样的 speak 函数当作一个方法使用：

```
var pig = {
  sound: "Oink",
  name: "Charlie",
  speak: speak
};

var horse = {
  sound: "Neigh",
  name: "Marie",
  speak: speak
};

pig.speak();
Oink! My name is Charlie!

horse.speak();
Neigh! My name is Marie!
```

再一次，每当 this 出现在一个方法中的时候，它引用的是在其上调用该方法的那个对象。换句话说，当你调用了 horse.speak()，this 将会引用 horse；而随后，当你调用 pig.speak()，this 引用 pig。

要在多个对象之间共享方法，可以直接将方法添加到每一个对象中，就像我们对 speak 所做的那样。但是，如果有很多的方法或对象，单独给每个对象添加相同的方法可能会变得很烦人，并且这可能会使得你的代码一团糟。想象一下，如果你需要整个动物园有 100 只动物，并且想要每个动物都共享一组 10 个方法和属性，这将是多大的工作量。

JavaScript 对象构造方法提供了一种更好的方式，可以在对象之间共享方法和属性，我们下面将会介绍它。

12.3　使用构造方法创建对象

JavaScript 构造方法是一个函数，它创建对象并给它们一组内建的属性和方法。可以将其看作是创建对象的一种特殊的机器，就像是可以产出同一种产品的大量的副本的一个工厂。一旦你创建了一个构造方法，可以使用它来创建想要的那么多个相同的对象。为了尝试一下，我们将构建一个入门的赛车游戏，使用一个 Car 构造方法来创建一个车队，它们都具有类似的基本属性和方法，可以用于转向和加速。

12.3.1　剖析构造方法

每次调用一个构造方法，它都会创建一个对象，并赋予新的对象内建的属性。要调用一个常规的函数，输入函数的名称，后面跟着一对圆括号。要调用一个构造方法，输入关键字 new（这告诉 JavaScript，想要将该函数用作一个构造方法），后面跟着构造方法的名称和圆括号。图 12-1 展示了调用构造方法的语法。

图 12-1　调用接受两个参数、名为 Car 的一个构造方法的语法

> **注意**　大多数 JavaScript 程序员在命名构造方法的时候，用一个大写的字母开头，以便于第一眼就看出它与其他函数的区别。

12.3.2　创建一个 Car 构造方法

现在来创建一个 Car 构造方法，它将为所创建的每一个新的对象都添加一个 x 和 y 属性。这些属性将用来设置在屏幕上绘制每一个汽车的位置。

创建 HTML 文档

在开始构建构造方法之前，需要先创建一个新的 HTML 文档。创建一个名为 cars.html 的新文件，并且在其中输入如下的 HTML：

```
<!DOCTYPE html>
<html>
<head>
    <title>Cars</title>
</head>

<body>
    <script src="https://code.jquery.com/jquery-2.1.0.js"></script>

    <script>
    // Code goes here
    </script>
</body>
</html>
```

Car 构造方法函数

现在，将如下的代码添加到 car.html 中的空的 <script> 标签中（替换掉注释 // Code goes here），以创建 Car 构造方法，它会给每一辆汽车一组坐标。

```
<script>
var Car = function (x, y) {
  this.x = x;
  this.y = y;
};
</script>
```

新的构造方法 Car 接受参数 x 和 y。我们已经添加了属性 this.x 和 this.y，将传递给 Car 的 x 值和 y 值存储到新的对象中。通过这种方法，每次把 Car 当作一个构造方法调用的时候，都会创建一个新的对象，并且将其 x 和 y 属性设置为我们所指定的参数。

调用 Car 构造方法

正如前面所提到的，关键字 new 告诉 JavaScript，我们要调用一个构造方法来创建一个新的对象。例如，要创建一个名为 tesla 的新的汽车对象，在 Web 浏览器中打开 car.html，然后在 Chrome JavaScript 控制台中输入如下的代码：

```
var tesla = new Car(10, 20);
tesla;
Car {x: 10, y: 20}
```

代码 new Car（10，20）告诉 JavaScript 使用 Car 作为构造方法创建一个对象，传入参数 10 和 20 作为其 x 和 y 属性，并且返回该对象。使用 var tesla 将返回的对象赋值给变量 tesla。

然后，当输入 tesla 的时候，Chrome 控制台将返回构造方法的名称以及其 x 和 y 值：Car { x: 10，y: 20 }。

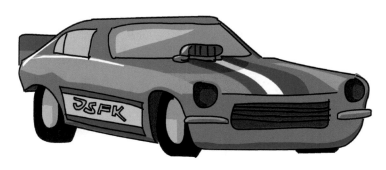

12.4　绘制汽车

为了显示 Car 构造方法所创建的对象，我们将创建一个名为 drawCar 的函数，在浏览器窗口中，在每个汽车对象的（x，y）位置放置一个汽车的图像。一旦了解了这个函数是如何工作的，我们将在 12.6.1 小节中以一种更加面向对象的方式来编写它。在 cars.html 中的 <script> 标签之间，添加如下的代码：

```
<script>
var Car = function (x, y) {
  this.x = x;
  this.y = y;
};

var drawCar = function (car) {
❶   var carHtml = '<img src="http://nostarch.com/images/car.png">';

❷   var carElement = $(carHtml);

❸   carElement.css({
      position: "absolute",
      left: car.x,
      top: car.y
    });

❹   $("body").append(carElement);
};
</script>
```

在 ❶ 处，创建了一个字符串，其中包含了指向一辆汽车图像的 HTML（使用单引号创建这个字符串，从而允许我们在 HTML 中使用双引号）。在 ❷ 处，把 carHTML 传递给 $ 函数，该函数将其从一个字符串转换为一个 jQuery 元素。这意味着，carElement 变量现在保存了一个 jQuery 元素，其中带有用于 <img> 表面的信息，并且在将该元素添加到页面之前可以调整它。

在 ❸ 处，在 carElement 上使用 css 方法来设置汽车图像的位置。这段代码将图像的 left 位置设置为汽车对象的 x 值，将其 top 位置设置为 y 值。换句话说，图像的左边界将位于距离浏览器窗口的左边界的 x 像素处，图像的上边界将位于窗口的上边界以下 y 像素处。

注意　在这个示例中，css 方法就像我们在第 10 章中用来在页面上移动像素的 offset 方法一样工作。遗憾的是，offset 不能用于多个元素，由于我们想要绘制多辆汽车，因此这里使用 css 来替代它。

最后，在 ❹ 处，使用 jQuery 将 carElement 添加到页面中的 body 元素后面。这最后一步，使得 carElement 出现在页面上（要回顾 append 是如何工作的，参见 9.3 节）。

12.5　测试 drawCar 函数

让我们测试 drawCar 函数，以确保它是能够工作的。在 cars.html 文件中添加如下代码（在其他的 JavaScript 代码之后），以创建两辆汽车。

```
  $("body").append(carElement);
};
var tesla = new Car(20, 20);
var nissan = new Car(100, 200);

drawCar(tesla);
drawCar(nissan);
</script>
```

这里，使用 Car 构造方法来创建两个汽车对象，一个位于坐标（20，20），另一个位于坐标（100，200）；然后，使用 drawCar 来分别将其绘制到浏览器中。现在，当你打开 cars.html，应该会在浏览器窗口中看到两辆汽车的图像，如图 12-2 所示。

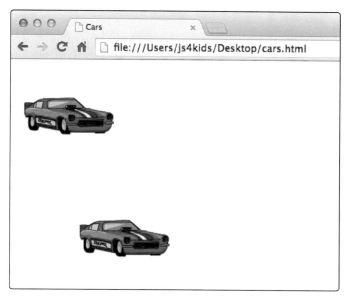

图 12-2　使用 drawCar 绘制汽车

12.6　用原型定制对象

绘制汽车的一种更加面向对象的方式可能就是给每个对象一个 draw 方法了。然后，可以编写 tesla.draw()，而不是 drawCar（tesla）。在面向对象编程中，我们想要让对象能够将自己的功能构建为方法。在这个例子中，drawCar 函数总是意味着要在汽车对象上使用，因此，我们应该将 drawCar 当作每个汽车对象的一部分包含，而不是将其保存为一个单独的函数。

JavaScript 原型使得很容易在不同的对象之间共享功能（作为方法）。所有的构造方法都有一个 prototype 属性，并且可以为其添加方法。添加给构造方法的 prototype 属性的任何方法都可以作为该构造方法所创建的所有对象的一个方法来使用。

图 12-3 展示了将一个方法添加给一个 prototype 属性的语法。

構造方法名　　　　　　　　方法名
↓　　　　　　　　　　　↓

```
Car.prototype.draw = function () {
  // The body of the method
}
```

图 12-3　给 prototype 属性添加一个方法的语法

12.6.1　给 Car 原型添加一个 draw 方法

让我们给 Car.prototype 添加一个 draw 方法，以便使用 Car 创建的所有对象都有 draw 方法。使用 File4Save As，将 cars.html 文件保存为 cars2.html。然后，使用如下的代码，替换 cars2.html 中的第二组 <script> 标签中的所有 JavaScript。

```
❶ var Car = function (x, y) {
    this.x = x;
    this.y = y;
  };

❷ Car.prototype.draw = function () {
    var carHtml = '<img src="http://nostarch.com/images/car.png">';

❸   this.carElement = $(carHtml);

    this.carElement.css({
      position: "absolute",
❹     left: this.x,
      top: this.y
    });

    $("body").append(this.carElement);
  };

  var tesla = new Car(20, 20);
  var nissan = new Car(100, 200);

  tesla.draw();
  nissan.draw();
```

在 ❶ 处，创建了 Car 构造方法，在 ❷ 处，给 Car.prototype 添加了一个名为 draw 的新方法。这使得 draw 方法成为 Car 构造方法所创建的所有的对象的一部分。

draw 方法的内容是 drawCar 函数的一个修改后的版本。首先，创建了一个 HTML 字符串并且将其保存为 carHTML。在 ❸ 处，创建了表示这个 HTML 的一个 jQuery 元素，但是这一次，我们通过将其赋值给 this.carElement 而保存为该对象的一个属性。然后，在 ❹ 处，我们使用 this.x 和 this.y 设置当前汽车图像的左上角的图标（在构造方法中，this 表示当前要创建的新对象）。

运行这段代码的时候，结果如图 12-2 所示。我们并没有修改代码的功能，只是更改了其组织方式。这种方法的优点是，绘制汽车的代码是汽车的一部分，而不是一个单独的函数。

12.6.2 添加一个 moveRight 方法

现在，让我们添加一些方法来移动汽车，首先是一个 moveRight 方法，它将汽车从当前位置向右移动 5 个像素。在 Car.prototype.draw 的定义的后面，添加如下的代码：

```
  this.carElement.css({
    position: "absolute",
    left: this.x,
    top: this.y
  });

  $("body").append(this.carElement);
};

Car.prototype.moveRight = function () {
  this.x += 5;

  this.carElement.css({
    left: this.x,
    top: this.y
  });
};
```

将 moveRight 方法保存到 Car.prototype 中，以便将其与 Car 构造方法所创建的所有对象共享。通过 this.x += 5，将汽车的 x 值增加了 5，这会将汽车向右移动 5 个像素。然后，在 this.carElement 上使用 css 方法，更新汽车在浏览器中的位置。

在浏览器的控制台中尝试 moveRight 方法。首先，刷新 cars2.html，然后，打开控制台并且输入如下代码行：

```
tesla.moveRight();
tesla.moveRight();
tesla.moveRight();
```

每次输入 tesla.moveRight 的时候，顶部的汽车都应该向右移动 5 个
像素。你可以在赛车游戏中使用这个方法来显示汽车沿着赛道移动。

试试看 尝试将 nissan 向右移动。需要在 nissan 上调用 moveRight 多少次，
才能使其与 tesla 对齐？使用 setInterval 和 moveRight 来实现 nissan
的动画，以使它从浏览器窗口驶过。

12.6.3 添加向左、向上和向下移动的方法

现在，给代码添加向其他的方向移动的方法，以便可以在屏幕上朝着任
意方向移动汽车。这些方法基本上与 moveRight 相同，因此，我们将一次性
编写所有这些方法。

向 cars2.html 添加如下的代码，放在 moveRight 方法之后：

```
Car.prototype.moveRight = function () {
  this.x += 5;

  this.carElement.css({
    left: this.x,
    top: this.y
  });
};

Car.prototype.moveLeft = function () {
  this.x -= 5;

  this.carElement.css({
    left: this.x,
    top: this.y
  });
};

Car.prototype.moveUp = function () {
  this.y -= 5;
```

```
  this.carElement.css({
    left: this.x,
    top: this.y
  });
};

Car.prototype.moveDown = function () {
  this.y += 5;

  this.carElement.css({
    left: this.x,
    top: this.y
  });
};
```

在这些方法中，每一个都是通过从当前汽车的 x 或 y 值加上或减去 5，从而将汽车沿着特定方向移动 5 个像素。

12.7　本章小结

在本章中，我们学习了用 JavaScript 进行面向对象编程，包括如何创建构造方法来构建新的对象，以及如何修改这些构造方法的 prototype 属性，以便在对象之间共享方法。

在面向对象程序中，大多数函数都编写为方法。例如，要绘制汽车，在汽车上调用 draw 方法，要将汽车向右移动，调用 moveRight 方法。构造方法和原型都是 JavaScript 内建的方式，允许你创建共享相同的方法集合的对象，但是，还有很多种方法来编写面向对象的 JavaScript。（要了解 JavaScript 面向对象编程的更多内容，可以阅读 Nicholas C. Zakas 的 *The Principles of Object-Oriented JavaScript*［No Starch Press，2014］一书。）

以面向对象的方式编写 JavaScript，可以帮助你将代码结构化。拥有结构良好的代码，意味着当你随后要回过头来进行修改的时候，即便不记得程序是如何工作的，也可以很容易地搞清楚这一点。（对于较大的程序，或者你刚开始和其他程序员一起工作，而他们需要访问你的代码的时候，这特别重要。）例如，在本书最后的项目中，我们构建了一个贪吃蛇游戏，它需要较多的代码。我们将使用对象和方法来组织游戏并处理很多重要的功能。

在下一章中，我们将回顾如何使用 canvas 元素在 Web 页面上绘制直线和图形，并实现动画。

12.8　编程挑战

尝试如下的这些挑战，以练习使用对象和原型。

#1：在 Car 构造方法中绘制

在 Car 构造方法中添加对 draw 方法的调用，以便只要我们创建汽车对象，它们可以自动地出现在浏览器中。

#2：添加 speed 属性

修改 Car 构造方法，给构造的对象添加一个新的、值为 5 的 speed 属性。然后，在移动方法中使用该属性而不是值 5。

现在，为 speed 尝试不同的值，使得汽车移动得更快或更慢。

#3：赛车

修改 moveLeft、moveRight、moveUp 和 moveDown 方法，以便它们接受一个单个的 distance 参数来表示要移动的像素的数目，而不是总是移动 5 个像素。例如，要将 nissan 汽车向右移动 10 个像素，可以调用 nissan.moveRight（10）。

现在，使用 setInterval，每 30 毫秒将两辆汽车（nissan 和 tesla）向右移动不同的随机距离，这个距离在 0 和 5 之间。应该看到两辆车在屏幕上的动画，它们以不同的速度移动。你能否猜到哪一辆车将先到达窗口的边缘。

第 3 部分
Canvas

第 13 章
canvas 元素

JavaScript 并不是只能操作文本和数字。你也可以使用
JavaScript 和 HTML canvas 元素来绘制图片，你可以将 canvas
元素当作是一块空白的画布或者一页纸。可以将任何想要的内容
（例如，直线、形状和文本）绘制于其上。唯一的限制就是你自
己的想象力。

在本章中，我们将学习在画布上绘制的基础知识。在后面的各章中，我们将学习创建基于画布的 JavaScript 的游戏的相关知识。

13.1　创建一个基本的画布

作为使用画布的第一步，为 canvas 元素创建一个新的 HTML 文档，如下面的代码所示。将这个文档保存为 canvas.html：

```
<!DOCTYPE html>
<html>
<head>
    <title>Canvas</title>
</head>

<body>
❶    <canvas id="canvas" width="200" height="200"></canvas>

    <script>
    // We'll fill this in next
    </script>
</body>
</html>
```

在 ❶ 处，可以看到，我们创建了一个 canvas 元素，并且给了它一个 "canvas" 的 id 属性，在代码中，我们将使用它来选择元素。width 和 height 属性以像素为单位，设置了 canvas 元素的大小。这里，我们将二者都设置为 200。

13.2　在画布上绘制

既然已经使用一个 canvas 元素构建了一个页面，就让我们使用 JavaScript 来绘制一些矩形。在 canvas.html 中的 <script> 标签之间输入如下的 JavaScript。

```
var canvas = document.getElementById("canvas");
var ctx = canvas.getContext("2d");
ctx.fillRect(0, 0, 10, 10);
```

我们将在下面的小节中一行一行地浏览这些代码。

13.2.1　选择和保存 canvas 元素

首先，使用 document.getElementById（"canvas"）来选择 canvas 元素。正

如我们在第 9 章中介绍的，getElementById 返回一个 DOM 对象，它表示带有所提供的 id 的元素。通过代码 var canvas = document.getElementById（"canvas"），将该对象赋值给 canvas 变量。

13.2.2 获取绘制环境

接下来，从 canvas 元素获取绘制环境（drawing context）。绘制环境是一个 JavaScript 对象，包含了用于在画布上绘制的所有的方法和属性。要获得该对象，在 canvas 上调用 getContext，并且将字符串 "2d" 作为参数传递给它。该参数表示，我们要在画布上绘制一个二维图像。使用代码 var ctx = canvas.getContext（"2d"），将这个绘制环境对象保存到变量 ctx 中。

13.2.3 绘制方块

最后，在第 3 行，通过在绘制环境上调用 fillRect 方法。fillRect 方法接受 4 个参数。它们依次是矩形的左上角的 x 坐标和 y 坐标（0，0），以及矩形的宽度和高度（10，10）。在这个例子中，我们表示"在坐标（0，0）处绘制一个 10 像素 × 10 像素的矩形"，它位于画布的左上角。

当运行这段代码的时候，应该会在屏幕上看到一个小的黑色方块，如图 13-1 所示。

图 13-1　第一个画布绘制

13.2.4 绘制多个方块

尝试一些更有趣的事情如何？我们使用一个循环来绘制多个在屏幕上斜着向下运动的方块，而不只是绘制一个方块。用如下代码替代 <script> 标签中的代码。当运行这段代码的时候，应该会看到一组 8 个黑色的方块，如图

13-2 所示。

```
var canvas = document.getElementById("canvas");
var ctx = canvas.getContext("2d");
for (var i = 0; i < 8; i++) {
  ctx.fillRect(i * 10, i * 10, 10, 10);
}
```

前两行和前面的代码相同。在第 3 行中，创建了一个从 0 到 8 运行的 for 循环。接下来，在该循环中，在绘制环境上调用 fillRect。

每个方块的左上角的 x 和 y 位置，都是基于循环变量 i 的。循环的第一个回合中，当 i 为 0 的时候，坐标为（0，0），因为 0 × 10 等于 0。这意味着，当运行代码 ctx.fillRect（i * 10，i * 10，10，10）的时候，我们将在（0，0）绘制一个方块，其宽度和高度均为 10 像素。这就是图 13-2 所示的左上角的方块。

图 13-2　使用一个 for 循环绘制多个方块

在循环的第二个回合，当 i 为 1 时，坐标为（10，10），因为 1 × 10 等于 10。这一次，代码 ctx.fillRect（i * 10，i * 10，10，10）在（10，10）绘制了一个方块，但是方块的大小仍然是 10 像素 × 10 像素（因为没有改变 width 和 height 参数）。这是图 13-2 所示的第二个方块。

由于每次循环的时候，i 都增加 1，x 和 y 坐标每次循环保持 10 个像素的递增，但是方块的宽度和高度还是固定在 10 个像素。在剩下的 6 次循环中，绘制了其余的 6 个方块。

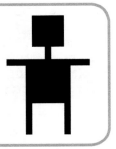

试试看

现在，你知道了如何在画布上绘制方块和矩形，尝试使用 fillRect 方法来绘制一个小机器人。

提示：需要绘制 6 个矩形。用一个 50 像素 × 50 像素的矩形表示脑袋。颈部、胳膊和腿都用 10 像素宽表示。

13.3　更改绘制颜色

默认情况下，当你调用 fillRect 的时候，JavaScript 绘制一个黑色的矩形。要使用不同的颜色，可以更改绘制环境的 fillStyle 属性。当你将 fillStyle 设置为一种新的颜色的时候，将会以该颜色绘制所有的内容，直到你再次修改 fillStyle。

为 fillStyle 设置颜色的最简单的方法，是将颜色名称作为字符串赋值给它。例如：

```
var canvas = document.getElementById("canvas");
var ctx = canvas.getContext("2d");
❶ ctx.fillStyle = "Red";
ctx.fillRect(0, 0, 100, 100);
```

在 ❶ 处，告诉绘制环境，从现在开始，所要绘制的一切都应该是红色的。运行这段代码，应该会在屏幕上绘制一个亮红色的方块，如图 13-3 所示。

图 13-3　一个红色的方块

备注　JavaScript 能识别上百种颜色的名称，包括 Green、Blue、Orange、

Red、Yellow、Purple、White、Black、Pink、Turquoise、Violet、SkyBlue、PaleGreen、Lime、Fuchsia、DeepPink、Cyan 和 Chocolate。可以在 CSS-Tricks 网站上找到一个完整的列表：http://css-tricks.com/snippets/css/named-colors-and-hex-equivalents/。

试试看

看一下 CSS-Tricks 网（http://css-tricks.com/snippets/css/named-colors-and-hex-equivalents/）并且选择你喜欢的颜色。使用这些颜色绘制 3 个矩形。每个矩形应该是 50 像素宽和 100 像素高。在矩形之间不要包含任何的间距。最终，会得到如下所示的内容：

尽管我确信你可以找到比红色、绿色和蓝色更有趣的一些颜色。

13.4 绘制矩形边框

正如我们所看到的，fillRect 方法绘制了一个填充的矩形。如果这就是你想要的，那挺好的，但是，有时候，你只是想要绘制边框，就好像使用铅笔或钢笔绘图一样。为的只是绘制一个矩形的边框，我们使用 strokeRect 方法（stroke 是表示边框的另一个词）。例如，运行这段代码应该绘制出一个小的矩形的边框，如图 13-4 所示。

```
var canvas = document.getElementById("canvas");
var ctx = canvas.getContext("2d");
ctx.strokeRect(10, 10, 100, 20);
```

图 13-4　使用 strokeRect 绘制一个矩形的边框

strokeRect 方法和 fillRect 接受相同的参数，首先是左上角的 x 坐标和 y 坐标，然后是矩形的宽度和高度。在这个例子中，我们看到从画布的左上角 10 个像素的位置开始绘制了一个矩形，它宽 100 个像素，高 20 个像素。

使用 strokeStyle 属性来更改矩形边框的颜色。要更改线条的粗细，使用 lineWidth 属性。例如：

```
  var canvas = document.getElementById("canvas");
  var ctx = canvas.getContext("2d");
❶ ctx.strokeStyle = "DeepPink";
❷ ctx.lineWidth = 4;
  ctx.strokeRect(10, 10, 100, 20);
```

这里，在 ❶ 处将线条的颜色设置为 DeepPink，并且在 ❷ 处将线条的宽度设置为 4 像素。图 13-5 展示了最终的矩形。

图 13-5　一个边框为 4 像素宽的暗粉色的矩形

13.5　绘制线条或路径

画布上的线条叫作路径（path）。要使用画布绘制路径，使用 x 坐标和 y 坐标设置线条应该从哪里开始到哪里结束。通过使用开始坐标和结束坐标的一个精确的组合，可以在画布上绘制特定的形状。例如，如下代码展示了如何绘制图 13-6 所示的青绿色的 X 形。

```
  var canvas = document.getElementById("canvas");
  var ctx = canvas.getContext("2d");
❶ ctx.strokeStyle = "Turquoise";
❷ ctx.lineWidth = 4;
❸ ctx.beginPath();
❹ ctx.moveTo(10, 10);
❺ ctx.lineTo(60, 60);
❻ ctx.moveTo(60, 10);
❼ ctx.lineTo(10, 60);
❽ ctx.stroke();
```

图 13-6　一个青绿色的 X，使用 moveTo 和 lineTo 绘制

在 ❶ 处和 ❷ 处，设置了线条的颜色和宽度。在 ❸ 处，在绘制环境（已经保存为 ctx）上调用 beginPath，以告诉画布，我们想要开始绘制一条新的路径。在 ❹ 处，用两个参数调用 moveTo 方法：x 和 y 坐标。调用 moveTo 方法，会提起虚拟的 JavaScript 画笔离开画布纸张，并移动到该坐标而不会绘制一条直线。

要开始绘制一条直线，在 ❺ 处使用 x 和 y 坐标调用 lineTo 方法，将虚拟画笔放回到画布上，并且开始绘制到这个新的坐标的一条路径。这里，我们从点（10，10）到点（60，60）绘制了一条线，这是从画布的左上角到右下角的一条对角线，这构成了 X 的第一条线。

在 ❻ 处，再次调用 moveTo，它设置了一个新的位置作为绘制的起点。在 ❼ 处，再次调用 lineTo，从点（60，10）到点（10，60）绘制一条线，这是从画布的右上角到左下角的一条对角线，它完成了 X 图形。

但我们还没有做完！到目前为止，只是告诉画布想要绘制什么，还没有手动地绘制任何内容。因此，在 ❽ 处，调用了 stroke 方法，它最终使得线条出现在屏幕之上。

13.6　填充路径

　到目前为止，我们介绍了用于绘制矩形边框的 strokeRect 方法，用于绘制带颜色填充的矩形的 fillRect，以及用于绘制路径线条的 stroke 方法。对于路径来说，和 fillRect 对等的方法叫作 fill。要用颜色填充一个闭合的路径，而不是只绘制边框，可以使用 fill 方法而不是 stroke。例如，可以使用如下的代码来绘制如图 13-7 所示的一个简单的天蓝色的房子。

```
var canvas = document.getElementById("canvas");
var ctx = canvas.getContext("2d");

ctx.fillStyle = "SkyBlue";
ctx.beginPath();
ctx.moveTo(100, 100);
ctx.lineTo(100, 60);
ctx.lineTo(130, 30);
ctx.lineTo(160, 60);
ctx.lineTo(160, 100);
ctx.lineTo(100, 100);
❶ ctx.fill();
```

图 13-7　一个天蓝色的房子，使用 fill 方法绘制一个路径然后进行填充

　如下是这段代码的工作方式。在将绘制颜色设置为 SkyBlue 之后，使用 beginPath 开始路径，然后使用 moveTo 移动到起始点（100，100）。接下来，针对房屋的 5 个角落，使用 5 组坐标，调用 5 次 lineTo。对 lineTo 的最后一次调用，

通过回到起始点（100，100）完成该路径。

图 13-8 展示了相同的房屋，只是标记出了每个坐标。

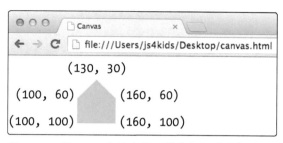

图 13-8　图 13-7 中的房屋，带有标记的坐标

最后，在 ❶ 处，调用 fill 方法，它使用所选的填充颜色 SkyBlue 填充了路径。

13.7　绘制圆弧和圆

除了在画布上绘制直线，还可以使用 arc 方法来绘制圆弧和圆。要绘制一个圆，设置圆心的坐标和半径（圆心到外边缘之间的距离），并且通过提供起始角度和结束角度作为参数，告诉 JavaScript 绘制多大部分的圆。可以绘制一个完整的圆，或者只是部分圆以创建一个圆弧。

起始角度和结束角度都使用弧度表示。当用弧度表示的时候，完整的圆从 0 度（在圆的右侧）一直达到 π × 2 的弧度。因此，要绘制一个完整的圆，告诉 arc 从 0 度绘制到 π × 2 度。图 13-9 展示了标有弧度以及其相等的角度数的一个圆。360° 的角度和 π × 2 的弧度，都表示一个完整的圆。

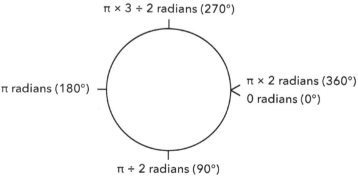

图 13-9　角度和弧度，从圆圈的右边开始，沿顺时针方向移动

例如，如下的代码将创建一个四分之一圆圈、一个半圆和一个完整的圆，

如图 13-10 所示。

```
ctx.lineWidth = 2;
ctx.strokeStyle = "Green";

ctx.beginPath();
❶ ctx.arc(50, 50, 20, 0, Math.PI / 2, false);
ctx.stroke();
ctx.beginPath();
❷ ctx.arc(100, 50, 20, 0, Math.PI, false);
ctx.stroke();

ctx.beginPath();
❸ ctx.arc(150, 50, 20, 0, Math.PI * 2, false);
ctx.stroke();
```

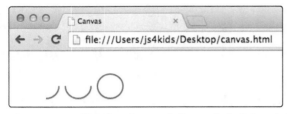

图 13-10　绘制一个四分之一圆圈、一个半圆和一个完整的圆

我们将在后面的小节介绍所有这些图形。

13.7.1　绘制四分之一圆或一个圆弧

代码的第一段绘制了一个四分之一圆圈。在 ❶ 处，在调用 beginPath 之后，调用 arc 方法。将圆心设置在（50，50），而半径设置为 20 像素。起始角度为 0（这会从圆的右侧开始绘制圆弧），结束角度为 Math.PI / 2。Math.PI / 是 JavaScript 表示数字 π（pi）的方式。因为完整的圆是 π × 2 的弧度，π 弧度表示一个半圆，π ÷ 2 的弧度（我们用于第一个圆弧中）表示四分之一个圆。图 13-11 展示了其起始角度和结束角度。

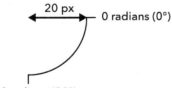

图 13-11　四分之一个圆的起始角度（0 弧度或 0° 角度）和结束角度（π ÷ 2 弧度或 90° 角度）

我们为最后的参数传递了 false，这就告诉 arc 以顺时针方向绘制。如果想要按照逆时针方向绘制，给最后的参数传递 true。

13.7.2　绘制一个半圆

接下来绘制半圆。在 ❷ 处，arc 将圆心置于（100，50），这会放置于第一个圆弧的右侧 50 像素的位置，第一个圆弧的圆心位于（50，50）。半径还是 20 像素。我们再次从 0 弧度开始，但这次结束于 Math.PI，从而绘制了一个半圆。图 13-12 展示了其开始角度和结束角度。

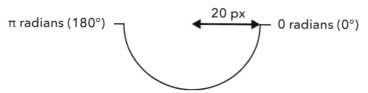

图 13-12　半圆的开始角度（0 弧度或 0°）和结束角度（π 弧度或 180°）

13.7.3　绘制一个完整的圆

在 ❸ 处，我们绘制了一个完整的圆。其圆心位于（150，50），半径为 20 像素。对于这个圆，我们从 0 弧度开始并且在 Math.PI * 2 弧度结束，绘制了一个完整的圆。图 13-13 展示了其起始角度和结束角度。

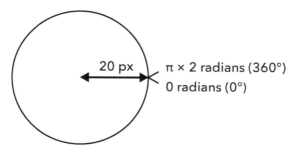

图 13-13　完整的圆的起始角度（0 弧度或 0°）和结束角度（π × 2 弧度或 360°）

13.8　用一个函数绘制多个圆

如果只是想要绘制圆，arc 方法有点复杂。对于圆圈，我们总是想要让 arc 从 0 开始并且在 π × 2 结束，并且方向（顺时针还是逆时针）无关紧要。此外，要真的绘制圆，在调用 arc 方法之前和之后，你总是需要调用 ctx.beginPath 和 ctx.stroke 方法。我们可以编写一个函数来绘制圆，从而忽略这些细节，所必需提供的只有 *x*、*y* 和 radius 参数。让我们现在来做到这一点。

```
var circle = function (x, y, radius) {
  ctx.beginPath();
  ctx.arc(x, y, radius, 0, Math.PI * 2, false);
  ctx.stroke();
};
```

和 arc 方法一样，在这个函数中，我们必须做的第一件事情是调用 ctx.beginPath 以告诉画布要绘制一个路径。然后，调用 ctx.arc，传入 *x*、*y* 和 radius 变量作为函数的参数。和前面一样，我们使用 0 作为起始角度，使用 Math.PI * 2 作为结束角度，使用 false 来顺时针地绘制圆。

有了这个函数，我们可以直接通过填入圆心坐标和半径（作为参数）来绘制很多的圆。例如，下面这段代码绘制了一些彩色的同心圆。

```
ctx.lineWidth = 4;

ctx.strokeStyle = "Red";
circle(100, 100, 10);

ctx.strokeStyle = "Orange";
circle(100, 100, 20);

ctx.strokeStyle = "Yellow";
circle(100, 100, 30);

ctx.strokeStyle = "Green";
circle(100, 100, 40);

ctx.strokeStyle = "Blue";
circle(100, 100, 50);
ctx.strokeStyle = "Purple";
circle(100, 100, 60);
```

在图 13-14 中，可以看到这些圆的样子。首先，我们将线条的宽度设置为 4 个像素。然后，将 strokeStyle 设置为 "Red"，并且使用 circle 函数在坐标（100，100）绘制一个圆，其半径为 10 像素。这是一个红色的中心圆。

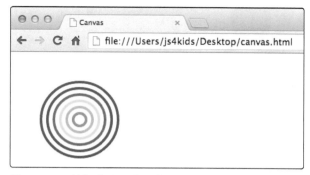

图 13-14　彩色的同心圆，使用 circle 函数绘制

　　然后，使用相同的技术在同样的位置绘制一个半径为 20 像素的橙色的圆；然后，再次在同样的位置绘制一个半径为 30 像素的黄色的圆。最后 3 个圆也位于同样的位置，但是，分别增大了半径并且颜色分别是绿色、蓝色和紫色。

试试看

　　如何修改 circle 函数，从而使其填充圆而不只是绘制圆圈？添加第 4 个参数，这是一个 Boolean 值，它说明圆是应该填充还是只是圆圈。传入 true 表示想要填充的圆。可以将该参数命名为 fillCircle。

　　使用修改后的函数，绘制这个雪人，组合使用圆圈和填充的圆。

13.9　本章小结

　　在本章中，我们学习了名为 canvas 的一个新的 HTML 元素。使用画布的绘制环境，我们可以很容易地绘制矩形、线条和圆，可以很好地控制它们的位置、线条宽度和颜色等。

　　在下一章中，我们将学习如何实现绘制动画，将要用到在第 9 章中学到的一些技术。

13.10 编程挑战

尝试这些挑战以练习绘制到画布。

#1：一个绘制雪人的函数

构建代码以绘制一个雪人（参见 13.8 节中的"试试看"），编写一个函数来在一个特定位置绘制雪人，从而像下面这样调用它：

```
drawSnowman(50, 50);
```

将会在点（50，50）绘制一个雪人。

#2：绘制点的数组

编写一个函数，它将接受点的一个数组，如下所示：

```
var points = [[50, 50], [50, 100], [100, 100], [100, 50], ↵
[50, 50]];
drawPoints(points);
```

并且绘制一条直线连接起这些点。在这个例子中，该函数将会从（50，50）到（50，100）到（100，100）到（100，50）绘制一条线，并且最终回到（50，50）。

现在，使用该函数来绘制如下的点：

```
var mysteryPoints = [[50, 50], [50, 100], [25, 120], ↵
[100, 50], [70, 90], [100, 90], [70, 120]];
drawPoints(mysteryPoints);
```

提示：可以使用点［0］［0］来获取第一个 x 坐标，用点［0］［1］
来获取第一个 y 坐标。

#3：用鼠标绘画

使用 jQuery 和 mousemove 事件，无论何时当你把鼠标移动到画布上
的时候，在鼠标位置绘制一个半径为 3 像素的填充圆。由于每次轻微地
移动鼠标都会触发这个事件，因此当在画布上移动鼠标的时候，这些圆
将会连接成一条线。

提示：参考第 10 章回顾如何响应 mousemove 事件。

#4：绘制 Hangman 中的人

在第 7 章中，我们创建了自己的 Hangman 游戏。现在，
你想要在玩家每次猜错一个字母的时候绘制火柴人的一部分，
从而使其更加接近真实的游戏。

提示：记录玩家猜错的次数。编写一个函数，它接受这
个数字作为一个参数，并且根据传入的数字来绘制身体的不同部分。

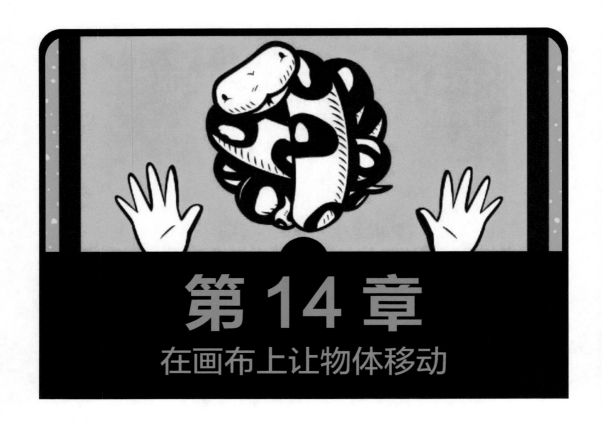

第14章

在画布上让物体移动

用 JavaScript 创建画布动画，很像是创建一个定格动画（stop-motion Animation）。你绘制一个图形，暂停，擦除该图形，然后在一个新的位置重新绘制它。这听上去有很多个步骤，但是，JavaScript 可以很快地更新图形的位置，以创建一个平滑的动画。在第 10 章中，我们学习了如何实现 DOM 元素的动画。在本章中，我们将实现画布绘制的动画。

14.1 在页面中移动

我们使用画布和 setInterval 来绘制一个方块，并且让其缓慢地在页面上移动。创建一个名为 canvasanimation.html 的新文件，并且添加如下的 HTML：

```html
<!DOCTYPE html>
<html>
<head>
    <title>Canvas Animation</title>
</head>

<body>
    <canvas id="canvas" width="200" height="200"></canvas>

    <script>
    // We'll fill this in next
    </script>
</body>
</html>
```

现在，给 script 元素添加如下的 JavaScript：

```javascript
var canvas = document.getElementById("canvas");
var ctx = canvas.getContext("2d");

var position = 0;

setInterval(function () {
❶  ctx.clearRect(0, 0, 200, 200);
❷  ctx.fillRect(position, 0, 20, 20);

❸  position++;
❹  if (position > 200) {
    position = 0;
  }
❺ }, 30);
```

代码的前两行创建了画布和环境。接下来，通过代码 var position = 0，创建了 position 变量并且将其设置为 0。我们将使用该变量来控制方块从左向右移动。

现在，调用 setInterval 来开始动画。setInterval 的第一个参数是一个函数，每次调用它的时候，它会绘制一个新的方块。

14.1.1 清除画布

在传递给 setInterval 的函数中，在 ❶ 处调用了 clearRect，它在画布上清除出一个矩形区域。clearRect 方法接受 4 个参数，它们会确定要清除的矩形的位置和大小。和 fillRect 一样，前两个参数表示矩形左上角的 x 坐标和 y 坐标，后两个参数表示宽度和高度。调用 ctx.clearRect（0，0，200，200）会擦除出一个 200×200 像素的矩形，该矩形从画布的左上角开始。由于画布正好也是 200 像素 $\times 200$ 像素，这将会清除整个画布。

14.1.2 绘制矩形

一旦清除了画布，在 ❷ 处，使用 ctx.fillRect（position，0，20，20）在（position，0）这一点绘制一个 20 像素的方形。当程序启动的时候，这个方形会绘制到（0，0），因为一开始 position 设置为 0。

14.1.3 修改位置

接下来，在 ❸ 处，使用 position++，将 position 增加 1。然后，在 ❹ 处，通过检查 if（position > 200），确保了 position 不会比 200 大。如果比 200 大，将其重置为 0。

14.1.4 在浏览器中查看动画

当在浏览器中加载该页面的时候，setInterval 将每 30 毫秒把所提供的函数调用一次，或者说一秒钟调用 33 次左右（时间间隔是通过 ❺ 处的 setInterval 的第 2 个参数来设置的）。每次调用所提供的函数时，它都会清除画布，在（position，0）绘制一个方块，并且递增 position 变量。结果，方块在画布上逐渐移动。当方块到达了画布的边缘时（右边的 200 像素），其位置重新设置为 0。

图 14-1 展示了动画的前 4 个步骤，特别放大显示出画布的左上角。

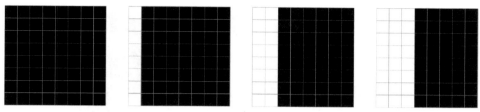

图 14-1　动画的前 4 步中画布左上角的一个特写。在每个步骤中，position 都增加 1 并且方块向右移动 1 个像素

14.2　对方块的大小实现动画

只需要对前一小节的代码做 3 个更改，我们就可以创建一个方块让其逐渐变大而不是移动。代码如下所示：

```
var canvas = document.getElementById("canvas");
var ctx = canvas.getContext("2d");

var size = 0;

setInterval(function () {
  ctx.clearRect(0, 0, 200, 200);
  ctx.fillRect(0, 0, size, size);

  size++;
  if (size > 200) {
    size = 0;
  }
}, 30);
```

正如你所看到的，我们做了两件事情。首先，现在有了一个名为 size 的变量，而不是 position 变量，size 将控制方块的大小。其次，我们通过代码 ctx.fillRect（0，0，size，size），用变量 size 来设置方块的宽度和高度，而不是使用它来设置方块的水平位置。

这将会在画布的左上角绘制一个方块，其宽度和高度都设置为与 size 一致。由于 size 从 0 开始，方块最开始的时候将是不可见的。下一次调用函数的时候，size 变为 1，因此方块变为 1 像素宽和高。每次重新绘制方块，它的宽度和高度都增加一个像素。当运行这段代码的时候，应该会看到一个方块显示于画布的左上角，并且逐渐增大直到它填充了整个画布。一旦它填充了

整个画布，也就是说，if（size > 200），方块将会消失并且再次开始从左上角逐渐增大。

图 14-2 显示了这个动画的前 4 个步骤中画布左上角的一个特写。

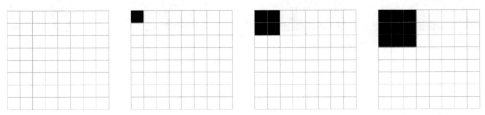

图 14–2　在这个动画的每一步中，size 增加 1 个像素，并且方块的宽度和高度也都增加 1 个像素

14.3　随机的蜜蜂

既然知道了如何在屏幕上移动和增大对象，让我们尝试一些有趣的东西。让我们制作一个在画布上随机飞舞的蜜蜂！我们使用几个圆来绘制蜜蜂，如下所示：

这段动画的工作方式和移动方块的动画非常相似：设置一个位置，然后，针对动画的每个步骤，清除画布，在该位置绘制蜜蜂并且修改位置。不同之处在于，为了让蜜蜂随机地移动，我们需要使用比方块动画中所使用的更为复杂的逻辑来更新蜜蜂的位置。我们将分几个小节来构建这段动画的代码。

14.3.1　一个新的 circle 函数

我们将使用几个圆来绘制蜜蜂，因此，首先要编写一个 circle 函数来填充圆或画出圆的边框。

```
  var circle = function (x, y, radius, fillCircle) {
    ctx.beginPath();
❶   ctx.arc(x, y, radius, 0, Math.PI * 2, false);
❷   if (fillCircle) {
❸     ctx.fill();
    } else {
❹     ctx.stroke();
    }
  };
```

这个函数接受 4 个参数：x、y、radius 和 fillCircle。我们使用和第 13 章中类似的 circle 函数，但是在这里，添加了 fillCircle 作为一个额外的参数。当调用这个函数的时候，该参数应该设置为 true 或 false，它决定了函数是绘制一个填充的圆还是一个圆框。

在该函数中，我们在 ❶ 处使用 arc 方法创建了一个圆，其圆心位于位置（x，y），半径为 radius。此后，在 ❷ 处检查 fillCircle 参数是否为 true。如果它是 true，在 ❸ 处使用 ctx.fill 填充圆形。否则，在 ❹ 处只是使用 ctx.stroke 画出圆。

14.3.2 绘制蜜蜂

接下来，创建了 drawBee 函数来绘制蜜蜂。drawBee 函数使用 circle 函数，在 x 和 y 参数所指定的坐标处绘制一只蜜蜂。它看上去如下所示：

```
    var drawBee = function (x, y) {
❶      ctx.lineWidth = 2;
        ctx.strokeStyle = "Black";
        ctx.fillStyle = "Gold";

❷      circle(x, y, 8, true);
        circle(x, y, 8, false);
        circle(x - 5, y - 11, 5, false);
        circle(x + 5, y - 11, 5, false);
        circle(x - 2, y - 1, 2, false);
        circle(x + 2, y - 1, 2, false);
    };
```

在代码的第一段中，在 ❶ 处，设置了 lineWidth、strokeStyle 和 fillStyle 属性以用于绘制。将 lineWidth 设置为 2 像素，将 strokeStyle 设置为 Black。这意味着，用于表示蜜蜂的身体、翅膀和眼睛的圆，将会拥有一个较粗的黑色的外框。fillStyle 设置为 Gold，它将会使用金黄色来填充表示蜜蜂身体的圆。

在代码的第二部分，在 ❷ 处，绘制了一系列的圆来组成蜜蜂。来看下这些代码。

第一个圆以点（x，y）为圆心，半径为 8 像素，是一个填充的圆，它绘制出了蜜蜂的身体：

```
circle(x, y, 8, true);
```

由于 fillStyle 设置为 Gold，将会使用如下所示的黄色来填充圆：

第二个圆围绕着蜜蜂的身体绘制了一个黑色的边框，这和第一个圆具有同样的大小，且在同样的位置：

```
circle(x, y, 8, false);
```

在叠加到第一个圆之上后，看上去如下所示：

接下来，用圆来绘制蜜蜂的翅膀。第一个翅膀是一个圆，其圆心位于表示身体的圆的圆心左边 5 像素和上方 11 像素的位置，半径为 5 像素。第二个翅膀也一样，只不过其圆心位于表示身体的圆的圆心右侧 5 像素的位置。

```
circle(x - 5, y - 11, 5, false);
circle(x + 5, y - 11, 5, false);
```

添加了这些圆之后，蜜蜂如下所示：

最后来绘制眼睛。表示第一个眼睛的圆，位于表示身体的圆的圆心的左边 2 像素和上方 1 像素的位置，其半径为 2 像素。表示第二个眼睛的圆，也是相同的，只不过它在右边 2 像素的位置。

```
circle(x - 2, y - 1, 2, false);
circle(x + 2, y - 1, 2, false);
```

综合起来，这些圆构成了一只蜜蜂，表示其身体的圆，圆心是传递给 drawBee 函数的（x，y）坐标。

14.3.3　更新蜜蜂的位置

我们创建了一个 update 函数，来随机地修改蜜蜂的 x 和 y 坐标，以随机地移动蜜蜂的 x 坐标和 y 坐标，表现出它好像在画布上嗡嗡地飞的样子。这个 update 函数接受一个单个的 coordinate，我们更新 x 和 y 坐标一次，以便蜜蜂将随机地向左或向右以及向上或向下移动。Update 函数如下所示：

```
  var update = function (coordinate) {
❶    var offset = Math.random() * 4 - 2;
❷    coordinate += offset;

❸    if (coordinate > 200) {
       coordinate = 200;
     }
❹    if (coordinate < 0) {
       coordinate = 0;
     }

❺    return coordinate;
  };
```

使用一个 offset 值来修改坐标

在 ❶ 处，创建了一个名为 offset 的变量，它将会确定对当前坐标修改多少。通过计算 Math.random() * 4 – 2，生成了 offset 值。这将会给出一个在 -2 到 2 之间的随机值。这是通过如下方式做到的：在其自身上调用 Math.random()，得到 0 到 1 之间的一个随机数；因此，Math.random() * 4 会得到 0 到 4 之间的一个随机数。然后再减去 2，得到 -2 和 2 之间的一个随机数。

在 ❷ 处，使用 coordinate += offset，用 offset 来修改坐标。如果 offset 是一个正数，coordinate 将会增加；如果它是一个负数，coordinate 将会减少。例如，如果 coordinate 设置为 100 而 offset 是 1，那么，当运行位于 ❷ 处的代码行的时候，coordinate 将会是 101。然而，如果 coordinate 是 100 而 offset 是 -1，这将会把 coordinate 修改为 99。

检查蜜蜂是否到达边界

在 ❸ 和 ❹ 处，我们通过确保 coordinate 不会增加到 200 以上或者减少到 0 以下，从而防止蜜蜂离开画布。如果 coordinate 大于 200，将其设置回 200；如果 coordinate 小于 0，将其设置回 0。

返回更新后的坐标

最后，在 ❺ 处，返回了 coordinate。返回了新的 coordinate 值，这使得我们能够在剩余的代码中使用该值。稍后，将通过 update 方法使用这个返回值，来修改 x 和 y 值，如下所示：

```
x = update(x);
y = update(y);
```

14.3.4 实现嗡嗡飞的蜜蜂动画

既然有了 circle、drawBee 和 update 函数，我们可以编写嗡嗡飞的蜜蜂的动画代码了。

```
var canvas = document.getElementById("canvas");
var ctx = canvas.getContext("2d");

var x = 100;
var y = 100;

setInterval(function () {
❶  ctx.clearRect(0, 0, 200, 200);

❷  drawBee(x, y);
❸  x = update(x);
    y = update(y);

❹  ctx.strokeRect(0, 0, 200, 200);
}, 30);
```

和通常一样，从 var canvas 和 var ctx 开始，获得绘制环境。接下来，创建了变量 x 和 y，并且将其都设置为 100。这会将蜜蜂的开始位置设置为点（100，100），从而将其放置到画布的中间，如图 14-3 所示。

接下来，调用 setInterval，传入一个每 30 毫秒调用一次的函数。在这个函数中，所做的第一件事情是在 ❶ 处调用 clearRect 来清除画布。接下来，在 ❷ 处，在点（x, y）绘制了蜜蜂。该函数初次调用的时候，在点（100，100）绘制了蜜蜂，如图 14-3 所示；并且此后每一次调用该函数的时候，它都将在一个新的、更新的（x, y）位置绘制蜜蜂。

接下来，从 ❸ 处开始更新 x 和 y 值。Update 函数接受一个数字，将其和 -2 到 2 之间的一个随机数字相加，并且返回更新后的数字。因此，代码 x =

图 14-3　在点（100，100）处绘制蜜蜂

update(x)的意思是"用一个小的、随机的值来修改 *x*"。

最后，在 ❹ 处调用 strokeRect，围绕着画布的边缘绘制一条直线。这使得我们更容易看到蜜蜂何时接近画布边缘。没有这个边框的话，画布的边缘是不可见的。

运行这段代码的时候，应该会看到黄色的蜜蜂随机地在画布上嗡嗡地飞。图 14-4 展示了动画的几个帧。

图 14-4　随机飞行的蜜蜂动画

14.4　弹回一个球

现在，我们来制作在画布上弹跳的球。无论何时，当球碰到墙的时候，它都会以一个角度弹回，就像是一个橡皮球一样。

首先，用一个 Ball 构造方法来创建一个 JavaScript 对象以表示球。这个对象将使用两个属性：xSpeed 和 ySpeed 来存储球的速度和方向。球的水平速度将由 xSpeed 控制，而垂直速度将由 ySpeed 控制。

我们在一个新的文件中制作这个动画。创建一个名为 ball.html 的新的 HTML 文件，并且添加如下的 HTML：

```
<!DOCTYPE html>
<html>
<head>
    <title>A Bouncing Ball</title>
</head>
```

```
<body>
    <canvas id="canvas" width="200" height="200"></canvas>

    <script>
    // We'll fill this in next
    </script>
</body>
</html>
```

14.4.1 Ball 构造方法

首先，创建 Ball 构造方法，它将用于创建弹跳的球。在 ball.html 中的
<script> 标签中，输入如下的代码：

```
var Ball = function () {
  this.x = 100;
  this.y = 100;
  this.xSpeed = -2;
  this.ySpeed = 3;
};
```

这个构造方法相当简单：它直接设置了球的开始位置（this.x 和 this.y）、
球的水平速度（this.xSpeed）及其垂直速度（this.ySpeed）。我们将开始位置
设置在（100，100），这是 200 像素 × 200 像素的画布的中心。

this.xSpeed 设置为 -2。这将会在动画的每一步中将球向左移动 2 个像素。
this.ySpeed 设置为 3。这使得球在每一个动画步骤中向下移动 3 个像素。因此，
在每一帧之间，球将会斜着向下移动（3 个像素）并向左移动（2 个像素）。

图 14-5 展示了球的开始位置及其移动的方向。

14.4.2 绘制球

接下来，添加一个 draw 方法来绘制球。向 Ball 原型添加该方法，以便
Ball 构造方法创建的任何对象都能够使用它：

```
var circle = function (x, y, radius, fillCircle) {
  ctx.beginPath();
  ctx.arc(x, y, radius, 0, Math.PI * 2, false);
  if (fillCircle) {
    ctx.fill();
  } else {
    ctx.stroke();
  }
};
```

```
Ball.prototype.draw = function () {
  circle(this.x, this.y, 3, true);
};
```

首先包含 circle 函数，这和前面 14.3.1 小节用到
的函数相同。然后，给 Ball.prototype 添加 draw 方法。
该方法直接调用 circle（this.x，this.y，3，true）来
绘制一个圆。这个圆的圆心位于（this.x，this.y），
也就是球的位置。其半径为 3 像素。将 true 作为最
后的参数传递，以告诉 circle 函数填充该圆。

图 14-5　球的起始位置，
带有一个箭头表示其方向

14.4.3　移动球

要移动球，必须根据当前的速度
来更新 x 和 y 属性。我们将使用如下的
move 方法来做到这一点：

```
Ball.prototype.move = function () {
  this.x += this.xSpeed;
  this.y += this.ySpeed;
};
```

使用 this.x += this.xSpeed，将球的水平速度添加到 this.x。然后，this.y +=
this.ySpeed 将垂直速度添加到 this.y。例如，在动画的开始，球将会位于（100，
100），其中 this.xSpeed 设置为 -2 而 this.ySpeed 设置为 3。当调用 move 方法
的时候，它从 x 值减去 2，并给 y 值加上 3，这会将球放置到（98，103）这个点。
这会将球的位置向左移动 2 个像素并向下移动 3 个像素，如图 14-6 所示。

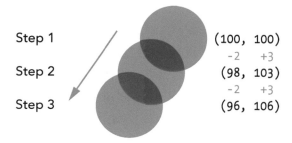

Step 1　　　　　　　　　　　　　　（100, 100）

　　　　　　　　　　　　　　　　　　　-2　　+3

Step 2　　　　　　　　　　　　　　（98, 103）

　　　　　　　　　　　　　　　　　　　-2　　+3

Step 3　　　　　　　　　　　　　　（96, 106）

图 14-6　动画的前 3 个步骤，显示了 x 属性和 y 属性是如何更改的

14.4.4 弹跳球

在动画的每一个步骤中，我们检查球是否碰到一面墙。如果是的，通过将 xSpeed 属性或 ySpeed 属性取反（将其与 -1 相乘）而更新它们。例如，如果球碰到了底部的墙，将 this.ySpeed 取反。因此，如果 this.ySpeed 是 3，取反后将其变为 -3。如果 this.ySpeed 是 -3，取反后将其设置为 3。

我们将这个方法命名为 checkCollision，因为它检查球是否会与墙碰撞。

```
  Ball.prototype.checkCollision = function () {
❶   if (this.x < 0 || this.x > 200) {
      this.xSpeed = -this.xSpeed;
    }
❷   if (this.y < 0 || this.y > 200) {
      this.ySpeed = -this.ySpeed;
    }
  };
```

在 ❶ 处，通过检查 x 属性是否小于 0（意味着它碰到了左边界）或大于 200（意味着它碰到了右边界），来判断球是否碰到左墙壁或右墙壁。如果这两个条件中的某一个为真，球已经移动到了画布的边界，因此，必须在水平方向上将其逆转。通过将 this.xSpeed 设置为等于 -this.xSpeed 来做到这一点。例如，如果 this.xSpeed 已经是 -2，并且球碰到了左边界，this.xSpeed 将会变为 2。

在 ❷ 处，我们对球的顶部和底部做了同样的事情。如果 this.y 小于 0 或者大于 200，我们知道球已经分别碰到了顶部的墙和底部的墙。在这种情况下，将 this.ySpeed 设置为等于 -this.ySpeed。

图 14-7 展示了当球碰到了左边的墙的时候会发生什么。this.xSpeed 从 -2 开始，但是，当碰撞之后，将其修改为 2。然而，this.ySpeed 保持 3 不变。

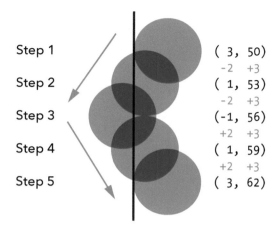

Step 1   (3, 50)
                   -2   +3
Step 2   (1, 53)
                   -2   +3
Step 3   (-1, 56)
                   +2   +3
Step 4   (1, 59)
                   +2   +3
Step 5   (3, 62)

图 14-7 当球碰到左边的墙之后，this.xSpeed 如何变化

正如你在图 14-7 中所见到的，在这个例子中，在步骤 3 中，球的中心移动到了画布边界之外，碰到了一面墙。在这个步骤中，球的一部分将会消失，但是，它进行得如此之快，以至于当动画运行的时候你根本不会注意到这一点。

14.4.5 实现球的动画

现在，我们可以编写让动画运行起来的代码。这段代码创建了表示球的一个对象，并且使用 setInterval 调用针对每个动画步骤绘制和更新球的方法。

```
  var canvas = document.getElementById("canvas");
  var ctx = canvas.getContext("2d");

❶ var ball = new Ball();

❷ setInterval(function () {
❸   ctx.clearRect(0, 0, 200, 200);

❹   ball.draw();
    ball.move();
    ball.checkCollision();

❺   ctx.strokeRect(0, 0, 200, 200);
❻ }, 30);
```

和通常一样，在前两行获取画布和绘制背景。然后，在 ❶ 处，使用 new Ball() 创建一个球并且将其存储到 ball 变量中。接下来，在 ❷ 处调用 setInterval，在 ❻ 处传入一个函数和数字 30。正如你前面所见到的，这意味着每 30 毫秒调用该函数一次。

传递给 setInterval 的函数做几件事情。首先，在 ❸ 处，它使用 ctx. clearRect（0，0，200，200）清除画布。之后，在 ❹ 处，它在 ball 对象上调用 draw、move 和 checkCollision 方法。draw 方法在其当前的 x 和 y 坐标绘制球。move 方法根据球的 xSpeed 和 ySpeed 属性更新其位置。最后，如果球碰到墙，checkCollision 方法就更新球的方向。

传递给 setInterval 的函数所做的最后一件事情是，在 ❺ 处调用 ctx. strokeRect（0，0，200，200），围绕画布的边缘绘制一条线，以便能够看到球撞到了墙。

当运行这段代码的时候，球应该立即开始向下和向左移动。它应该先碰到底部的墙，然后向上和向左弹回。只要让浏览器窗口开着，它将继续在画布上弹跳。

14.5　本章小结

在本章中，我们将第 11 章的动画的知识和 canvas 元素的知识组合起来，来创建各种基于 canvas 的动画。首先，简单地在画布上移动方块并改变其大小。接下来，我们制作了在屏幕上随机地嗡嗡飞舞的一只蜜蜂，最后，我们实现了弹跳的球的动画。

所有这些动画，基本上以相同的方式工作：在特定位置绘制特定大小的一个形状，然后，更新大小或位置，然后，清除画布并再次绘制。对于在一个 2D 画布上移动的元素，我们通常必须记录元素的 x 坐标和 y 坐标。对于蜜蜂动画，我们从 x 和 y 坐标加上或减去一个随机数字。对于弹跳的球，我们给 x 坐标和 y 坐标加上当前的 xSpeed 或 ySpeed。在下一章中，我们将给画布添加交互，这允许我们使用键盘控制在画布上绘制什么。

14.6　编程挑战

基于本章中的弹跳的球，按照以下方式继续构建。

#1：在一个较大的画布上弹跳球

200 像素 ×200 像素的画布有点小。如果想要将画布的大小增加到 400×400，或者其他任意的大小，该怎么做呢？

可以创建 width 和 height 变量，并且使用 canvas 对象设置变量，而不是在整个程序中手动地输入画布的宽度和高度。使用如下的代码：

```
var width = canvas.width;
var height = canvas.height;
```

现在，如果在整个程序中使用这些变量，并且如果想要尝试一个新的画布大小，只是必须在 HTML 中的 canvas 元素上修改这些属性。尝试将画布的大小修改为 500 像素 ×300 像素。你的程序仍然能够工作吗？

#2：随机产生 this.xSpeed 和 this.ySpeed

要让动画更加有趣，在 Ball 构造方法中，将 this.xSpeed 和 this.ySpeed 设置为不同的随机数（在 -5 到 5 之间）。

#3：实现多个球的动画

创建球的一个空数组，并且使用 for 循环向数组中添加 10 个球，而不只是创建一个球。现在，在 setInterval 函数中，使用一个 for 循环来绘制、移动每个球，并且检查其碰撞。

#4：给球上色

　　给弹跳球图上一些颜色如何？在 Ball 构造方法中，设置一个名为 color 的新的属性，并且在 draw 方法中使用它。使用第 8 章中的 pickRandomWord 函数，给数组中的每个球一个随机的颜色：

```
var colors = ["Red", "Orange", "Yellow", "Green", "Blue", ↵
"Purple"];
```

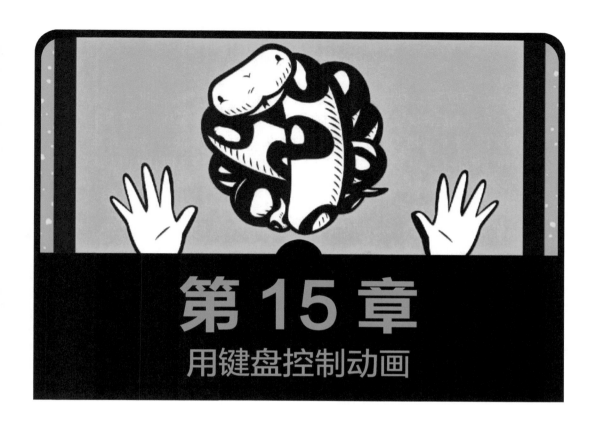

第 15 章
用键盘控制动画

　　既然知道了如何使用画布，绘制对象并为其设置颜色，以及让对象移动、弹跳和变大，就让我们来添加一些互动以增添一些生气。

　　在本章中，你将学习当用户按下键盘上的一个键的时候，如何让画布动画做出响应。通过这种方式，玩家可以按下键盘上的一个箭头键或者指定的几个字母之一（例如，经典的 W、A、S、D 游戏控制键）来控制一个动画。例如，我们让玩家使用箭头键来控制球的移动，而不只是让球在屏幕上来回弹跳。

15.1 键盘事件

JavaScript 可以通过键盘事件来监控键盘。每次用户按下键盘上的一个键，它们都会产生一个键盘事件，这和我们在第 10 章中见到过的鼠标事件很像。通过鼠标事件，我们使用 jQuery 来确定事件发生的时候光标位于何处，然后在代码中使用这一信息。例如，在本章中，当用户按下向左、向右、向上或向下箭头键的时候，我们让一个球分别向左、向右、向上和向下移动。

我们使用了 keydown 事件，当用户按下一个按键的时候，就会触发该事件，并且我们使用 jQuery 给 keydown 事件添加一个事件处理程序。通过这种方式，每次发生一个 keydown 事件，事件处理函数都能够发现是哪一个键按下并且做出相应的响应。

15.1.1　建立 HTML 文件

首先，创建一个干净的 HTML 文件，其中包含如下的代码，并且将其保存为 keyboard.html。

```
<!DOCTYPE html>
<html>
<head>
   <title>Keyboard input</title>
</head>

<body>
   <canvas id="canvas" width="400" height="400"></canvas>

   <script src="https://code.jquery.com/jquery-2.1.0.js"></script>

   <script>
   // We'll fill this in next
   </script>
</body>
</html>
```

15.1.2　添加 keydown 事件处理程序

现在，添加一些响应 keydown 事件的 JavaScript 代码。在 keyboard.html 文件中的空的 <script> 标签中，输入这段代码：

```
$("body").keydown(function (event) {
  console.log(event.keyCode);
});
```

在第一行代码中，使用 jQuery $ 函数来选择 HTML 中的 body 元素，然后，调用 keydown 方法。keydown 方法的参数是一个函数，当一个按键按下的时候，将会调用该函数。keydown 事件的相关信息，通过 event 对象传入到了函数中。对于这个程序，我们想要知道按下了哪一个键，并且该信息作为 event.keyCode 存储到了 event 对象中。

在该函数中，使用 console.log 输出了 event 对象的 event.keyCode 属性：这是表示按下的键的一个数字。键盘上的每个键都有一个唯一的键代码。例如，空格键的键代码是 32，向左箭头的键代码是 37。

一旦编辑了 keyboard.html 文件，保存它然后在浏览器中打开它。现在，打开控制台以便能够看到输出，并且在主浏览器窗口中单击，并且让 JavaScript 注册按键按下。现在，如果你开始按下按键，相应的键代码会输出到控制台。

例如，如果输入 hi there，应该会在控制台中看到如下的输出：

72
73
32
84
72
69
82
69

按下的每个按键都有一个不同的键代码。H 键的代码是 72，I 键代码是 73，以此类推。

试试看

按下不同的键，看看它们的键代码。向上箭头、向下箭头、向左箭头和向右箭头键的键代码是多少？Shift 键和 Enter 键呢？每一个数字键和字母键也都有自己的键代码。

15.1.3 使用对象把键代码转换为名称

为了更容易操作按键，我们使用一个对象将按键代码转换为名称，以便更容易识别按键。在下面这个示例中，创建了一个名为 keyNames 的对象，其中，对象的键是按键代码，而值是这些按键的名称。删除 keyboard.html 中的 JavaScript，并且用如下内容替换：

```
var keyNames = {
    32: "space",
    37: "left",
    38: "up",
    39: "right",
    40: "down"
};

$("body").keydown(function (event) {
❶   console.log(keyNames[event.keyCode]);
});
```

首先，创建了 keyNames 对象，并且用按键代码 32、37、38、39 和 40 填充它们。keyNames 对象使用键 - 值对，将按键代码（例如，32、37 等）和相应的标签（例如，"space" 表示空格键，"left" 表示向左箭头键）相匹配。

然后，可以使用这个对象来根据其按键代码找到一个按键的名称。例如，要查找按键代码 32，输入 keyNames［32］。这会返回字符串 "space"。

在 ❶ 处，我们在 keydown 事件处理程序中使用 keyNames 对象，以获取刚刚按下的键的名称。如果 event.keyCode 所引用的 keycode 事件与 keyNames 对象中的键之一相匹配，该函数将会输出该按键的名称。如果没有键匹配，代码会输出 undefined。

在浏览器中加载 keyboard.html。打开控制台，在主浏览器窗口中单击，并且尝试按下几个按键。如果你按下的是 keyName 对象中的 5 个按键之一（箭头键或者空格键），程序应该会打印出按键的名称。否则，它将会打印出 undefined。

试试看

给 keyNames 对象添加更多的键 - 值对，以便它能够将更多的按键转换为其名称。为 shift、enter/return 和 alt/option 等按键插入按键代码和名称。

15.2 用键盘移动一个球

既然可以确定按下了哪一个键，我们可以编写一个程序来使用键盘控制一个球的移动。程序将会绘制一个球，并且将其向右移动。按下箭头键，将会改变球的方向，按下空格键，将会停止它。如果球跑出了画布的边界，它将会从相反的方向折返。例如，如果球跑出了画布的右边界，它将会再次出现在左边界，并且继续朝着相同的方向动，如图 15-1 所示。

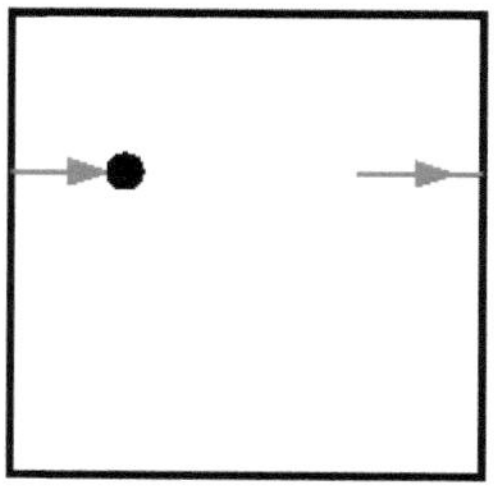

图 15-1　如果球移动出了画布的右边，它将会在左边重新出现

我们将使用一个名为 keyActions 的对象来搞清楚按下了哪个键，然后使用这一信息来设置球移动的方向。我们将使用 setInterval 来持续更新球的位置并在其新的位置重新绘制它。

15.2.1　设置画布

首先，需要设置画布以及环境对象。打开 keyboard.html 并且用如下的代码替换第二组 <script> 标签之间的 JavaScript：

```
var canvas = document.getElementById("canvas");
var ctx = canvas.getContext("2d");
var width = canvas.width;
var height = canvas.height;
```

在第一行，使用 document.getElementById 选择了 canvas 元素。在第二行，在 canvas 上调用 getContext 以获取环境对象。然后，var width 和 var height 这两行将 canvas 元素的宽度和高度存储到了变量 width 和 height 中。通过这种方式，当需要画布尺寸的时候，可以使用这些变量而不是必须手动输入数字。现在，如果选择修改画布的大小，可以直接编辑 HTML，并且 JavaScript 代码应该仍然有效。

15.2.2 定义 circle 函数

接下来，为球定义一个和第 14 章中相同的 circle 函数。在前一小节的代码之后，添加这个函数：

```
var circle = function (x, y, radius, fillCircle) {
  ctx.beginPath();
  ctx.arc(x, y, radius, 0, Math.PI * 2, false);
  if (fillCircle) {
    ctx.fill();
  } else {
    ctx.stroke();
  }
};
```

15.2.3 创建 Ball 构造方法

现在来创建一个 Ball 构造方法。我们将使用这个构造方法来创建移动的球对象。我们将使用与第 14 章中相同的技术来移动这个球，也就是说，使用 xSpeed 和 ySpeed 属性来控制球的水平速度和垂直速度。在 circle 函数的后面，添加如下代码：

```
var Ball = function () {
  this.x = width / 2;
  this.y = height / 2;
  this.xSpeed = 5;
  this.ySpeed = 0;
};
```

将 x 值和 y 值（球的位置）设置为 width / 2 和 height / 2，以便球从画布的中央开始移动。将 this.xSpeed 设置为 5，将 this.ySpeed 设置为 0。这表示球刚开始动画的时候将会向右移动。（也就是说，每一个动画步骤中，其 x 位置都会增加 5 个像素，而其 y 位置将保持不变。）

15.2.4 定义 move 方法

在本小节中，我们将定义 move 方法。我们将把这个方法添加到 Ball.prototype，以便根据球的当前位置、xSpeed 和 ySpeed，将其移动到一个新的位置。在 Ball 构造方法之后，添加如下的方法：

```
Ball.prototype.move = function () {
  this.x += this.xSpeed;
  this.y += this.ySpeed;

❶  if (this.x < 0) {
    this.x = width;
  } else if (this.x > width) {
    this.x = 0;
  } else if (this.y < 0) {
    this.y = height;
  } else if (this.y > height) {
    this.y = 0;
  }
};
```

首先，使用 this.xSpeed 和 this.ySpeed 来更新 this.x 和 this.y，就像我们在第 14 章中所做的一样（参见 14.4.3 小节）。在这之后的代码负责处理当球到达画布边界的情况。

❶ 处的 if…else 语句检查球的位置，看它是否移动出了画布的边界。如果是这样的话，代码会让球从画布的另一端折返。例如，如果球已经移动出了画布的左边界，它应该从画布的右边界重新出现。换句话说，如果 this.x 小于 0，我们将 this.x 设置为 width，这会将其放到画布的最右边。这条 if…else 语句剩下的部分以类似的方式来处理画布的其他 3 条边。

15.2.5　定义 draw 方法

我们将使用 draw 方法来绘制球。在 move 方法定义的后面，添加如下的方法：

```
Ball.prototype.draw = function () {
  circle(this.x, this.y, 10, true);
};
```

该方法调用了 circle 函数。这个函数使用球的 x 和 y 值来设置球的圆心，将半径设置为 10，并且将 fillCircle 设置为 true。图 15-2 展示了最终的球。

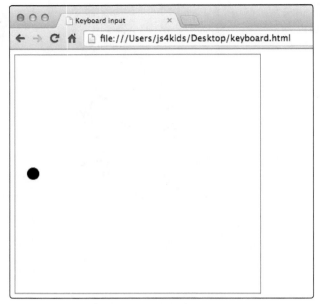

图 15-2　半径为 10 的一个填充的圆形球

15.2.6　创建 setDirection 方法

现在，必须找到一种方法来设置球的方向。我们使用一个名为
setDirection 的方法来做到这一点。该方法将由 keydown 事件处理程序来调
用，我们将在下一小节介绍 keydown。keydown 事件处理程序通过传递给
setDirection 一个字符串（"left"、"up"、"right"、"down" 或 "stop"），告诉它
按下了哪一个键。根据该字符串，setDirection 将修改球的 xSpeed 和 ySpeed
属性，使其朝着和按键一致的方向移动。例如，如果传递了字符串 "down"，
我们将 this.xSpeed 设置为 0，将 this.ySpeed 设置为 5。在 draw 方法的后面，
添加这段代码：

```
Ball.prototype.setDirection = function (direction) {
  if (direction === "up") {
    this.xSpeed = 0;
    this.ySpeed = -5;
  } else if (direction === "down") {
    this.xSpeed = 0;
    this.ySpeed = 5;
  } else if (direction === "left") {
    this.xSpeed = -5;
```

```
    this.ySpeed = 0;
  } else if (direction === "right") {
    this.xSpeed = 5;
    this.ySpeed = 0;
  } else if (direction === "stop") {
    this.xSpeed = 0;
    this.ySpeed = 0;
  }
};
```

整个方法体就是一条很长的 if⋯else 语句。新的方向作为 direction 参数传入到该方法中。如果 direction 等于 "up"，我们将球的 xSpeed 属性设置为 0，将 ySpeed 属性设置为 -5。其他的方向也以相同的方式来处理。最后，如果方向设置为字符串 "stop"，我们将 this.xSpeed 和 this.ySpeed 都设置为 0，这意味着球将会停止移动。

15.2.7　对键盘做出响应

下面的代码使用 Ball 构造方法，创建了一个 ball 对象，并且它监听 keydown 事件以便设置球的方向。在 setDirection 方法之后，添加如下的代码：

```
❶ var ball = new Ball();

❷ var keyActions = {
     32: "stop",
     37: "left",
     38: "up",
     39: "right",
     40: "down"
   };

❸ $("body").keydown(function (event) {
❹   var direction = keyActions[event.keyCode];
❺   ball.setDirection(direction);
   });
```

在 ❶ 处，调用 new Ball() 创建了一个 ball 对象。在 ❷ 处，创建了一个 keyActions 对象，我们将使用它把按键代码转化为其对应的方向。该对象和本书 15.1.3 小节中所创建的 keyNames 对象相同，只不过对于 32 来说（空格键的按键代码），我们用标签 "stop" 替换了 "space"，因为我们想要让空格键用来停止球的移动。

在 ❸ 处，使用 jQuery $ 函数来选择 body 元素，然后调用 keydown 方法来监听 keydown 事件。每次按下一个按键的时候，传递给 keydown 方法的函数将会调用。

在该函数中，我们在 x 处使用 keyActions [event.keyCode] 来查找按下的按键的标签，并且将该标签赋值给 direction 变量。这会把 direction 变量设置为一个方向：如果按下的是向左箭头按键，将会是 "left"；如果按下的是向右箭头按键，将会是 "right"；如果按下的是向上箭头按键，将会是 up"；如果按下的是向下箭头按键，将会是 " down "；如果按下的是空格键，将会是 "stop"。如果按下的是任何其他的键，direction 会设置为 undefined，并且动画不会受到影响。

最后，在 ❺ 处，我们在 ball 对象上调用了 setDirection 方法，传入了方向字符串。正如你在前面所看到的，setDirection 根据新的方向，更新了球的 xSpeed 和 ySpeed 属性。

15.2.8 实现球的动画

现在剩下必须做的事情，就是实现球的动画。如下的代码看上去应该很熟悉，因为它和第 14 章中使用的代码很相似。它使用了在前面各章的动画代码中见到过的 setInterval 函数，以固定的时间间隔更新球的位置。在前面小节中的代码之后，添加如下这段代码：

```
setInterval(function () {
  ctx.clearRect(0, 0, width, height);

  ball.draw();
  ball.move();

  ctx.strokeRect(0, 0, width, height);
}, 30);
```

我们使用 setInterval，每 30 毫秒调用动画函数一次。该函数首先使用 clearRect 清除了整个画布，然后调用 draw 和 move 方法直接在球的当前位置绘制一个圆，然后用 move 方法根据球的 xSpeed 和 ySpeed 属性来更新其位置。最后，它使用 strokeRect 绘制了一个边框，以便我们能够看到画布的边界。

15.3 综合应用

既然已经回顾了所有的代码，这里给出完整的代码列表以方便参考。

```javascript
var canvas = document.getElementById("canvas");
var ctx = canvas.getContext("2d");
var width = canvas.width;
var height = canvas.height;

var circle = function (x, y, radius, fillCircle) {
  ctx.beginPath();
  ctx.arc(x, y, radius, 0, Math.PI * 2, false);
  if (fillCircle) {
    ctx.fill();
  } else {
    ctx.stroke();
  }
};

// The Ball constructor
var Ball = function () {
  this.x = width / 2;
  this.y = height / 2;
  this.xSpeed = 5;
  this.ySpeed = 0;
};

// Update the ball's position based on its speed
Ball.prototype.move = function () {
  this.x += this.xSpeed;
  this.y += this.ySpeed;

  if (this.x < 0) {
    this.x = width;
  } else if (this.x > width) {
    this.x = 0;
  } else if (this.y < 0) {
    this.y = height;
  } else if (this.y > height) {
    this.y = 0;
  }
};

// Draw the ball at its current position
Ball.prototype.draw = function () {
```

```
    circle(this.x, this.y, 10, true);
};
// Set the ball's direction based on a string
Ball.prototype.setDirection = function (direction) {
  if (direction === "up") {
    this.xSpeed = 0;
    this.ySpeed = -5;
  } else if (direction === "down") {
    this.xSpeed = 0;
    this.ySpeed = 5;
  } else if (direction === "left") {
    this.xSpeed = -5;
    this.ySpeed = 0;
  } else if (direction === "right") {
    this.xSpeed = 5;
    this.ySpeed = 0;
  } else if (direction === "stop") {
    this.xSpeed = 0;
    this.ySpeed = 0;
  }
};

// Create the ball object
var ball = new Ball();

// An object to convert keycodes into action names
var keyActions = {
  32: "stop",
  37: "left",
  38: "up",
  39: "right",
  40: "down"
};

// The keydown handler that will be called for every keypress
$("body").keydown(function (event) {
  var direction = keyActions[event.keyCode];
  ball.setDirection(direction);
});

// The animation function, called every 30 ms
setInterval(function () {
  ctx.clearRect(0, 0, width, height);
```

```
  ball.draw();
  ball.move();

  ctx.strokeRect(0, 0, width, height);
}, 30);
```

15.4 运行代码

现在程序已经完整了。当你运行程序的时候，应该会看到一个黑色的球在画布上向右移动，如图 15-3 所示。当它到达了画布的右边界的时候，它应该会折返到左边，并且继续向右移动。当你按下箭头键的时候，这个球应该会更改方向，按下空格键，球应该会停下来。

注意　如果动画没有像预期的那样对按键做出响应，单击页面，以确保程序能够访问到你的按键。

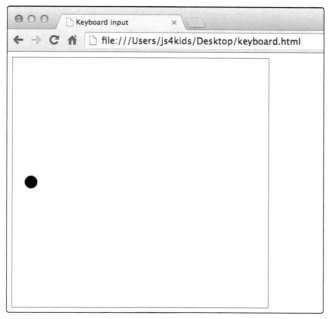

图 15-3　移动的球的动画的屏幕截图

15.5　本章小结

在本章中，我们学习了如何让程序对键盘事件做出响应。我们使用这一知识来创建一个移动的球，其中，通过键盘来设置球的方向。

既然能够绘制画布，创建动画并且根据用户输入来更新这些动画，我们现在可以根据用户输入来创建一个简单的基于画布的游戏了。在下一章中，我们将目前为止已经学习的所有内容组合起来，以重新创建经典的贪吃蛇游戏。

15.6　编程挑战

采用以下几种方式在最终的游戏上进一步构建，以使其变得更为复杂。

#1：从墙上反弹

修改代码，以便球能够从墙的一边和顶部反弹回来，而不是从另一端折返。提示：当球碰撞到墙的时候，只要将方向取反就行了。

#2：控制速度

球当前在每一步动画中移动 5 个像素。这是因为 setDirection 总是将 xSpeed 或 ySpeed 设置为 -5 或 5。在 Ball 构造方法中创建一个名为 speed 的新属性，并且将其设置为 5。然后，在 setDirection 中使用 speed，而不是 5。

现在，修改代码，以便可以使用数字键将 speed 设置为从 1 到 9。提示：创建一个名为 speed 的对象，并且使用它来确定新的 speed；如果有任何 keydown 事件的话，根据该事件来进行。

#3：灵活的控制

修改代码，以便当你按下 Z 键的时候，球的速度会慢下来；当你按下 X 键的时候，球会加速。一旦有效，使用 C 键让球变得更小，使用 V 键让球变得更大。

如果速度变为 0 以下，将会发生什么事情？如果大小变为 0 以下呢？添加一段检查代码，以确保速度和大小不会变为 0 以下。

第 16 章

开发贪吃蛇游戏第 1 部分

在本章和下一章中，我们将自己构建经典的街机游戏贪吃蛇。在贪吃蛇中，玩家控制一条蛇向上、向下、向左或向右移动。随着蛇在游戏区域内移动，苹果会出现。当蛇碰到一个苹果，它会吃掉苹果并且会变长。但是，如果蛇碰到了墙壁或者自己身体的某个部分，游戏就结束了。

当你开发这款游戏的时候，会将目前为止已经学习过的很多工具和技术组合到一起，包括 jQuery 和画布，以及动画和交互。在本章中，我们将介绍游戏的一般结构，并且看看绘制边框和分数以及结束游戏的代码。在第 17 章中，我们将编写用于蛇和苹果的代码，并且将所有内容组合起来以完成这款游戏。

16.1　游戏逻辑

图 16-1 展示了完成后的游戏的样子。游戏运行的过程中，需要记录 4 项内容并将其绘制到屏幕上：边框（灰色）、分数（黑色）、贪吃蛇（蓝色）和苹果（浅绿色）。

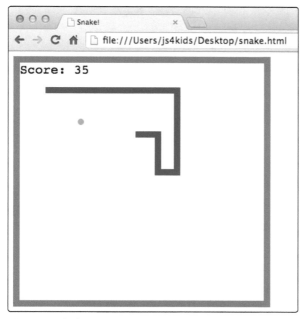

图 16-1　完成后的游戏

16.2　游戏的结构

在开始编写代码之前，先来看看游戏的整体结构。如下的伪代码描述了程序需要做什么：

```
Set up the canvas
Set score to zero
Create snake
Create apple

Every 100 milliseconds {
  Clear the canvas
  Draw current score on the screen
  Move snake in current direction
  If snake collides with wall or itself {
    End the game
  } Else If snake eats an apple {
    Add one to score
    Move apple to new location
    Make snake longer
  }
  For each segment of the snake {
    Draw the segment
  }
  Draw apple
  Draw border
}

When the user presses a key {
  If the key is an arrow {
    Update the direction of the snake
  }
}
```

学习完本章和下一章之后，我们将能够编写代码来执行这些步骤中的每一步。下面先来看看程序的主要组成部分，并且规划出开发它们所需的一些 JavaScript 工具。

```
Set up the canvas
Set score to zero
Create snake
Create apple

Every 100 milliseconds {
  Clear the canvas
  Draw current score on the screen
  Move snake in current direction
  If snake collides with wall or itself {
    End the game
  } Else If snake eats an apple {
```

```
    Add one to score
    Move apple to new location
    Make snake longer
  }
  For each segment of the snake {
    Draw the segment
  }
  Draw apple
  Draw border
}

When the user presses a key {
  If the key is an arrow {
    Update the direction of the snake
  }
}
```

16.2.1   使用 setInterval 来实现游戏动画

在伪代码中可以看到，每 100 毫秒中，我们需要调用一系列的函数和方法来更新内容并将一切内容绘制到游戏面板上。正如在第 14 章和第 15 章中所做的，我们将使用 setInterval，通过以常规的时间间隔来调用那些函数，从而实现游戏动画。在最终的游戏中，对 setInterval 的调用如下所示：

```
var intervalId = setInterval(function () {
  ctx.clearRect(0, 0, width, height);
  drawScore();
  snake.move();
  snake.draw();
  apple.draw();
  drawBorder();
}, 100);
```

在传递给 setInterval 的函数之中，第一行代码使用 clearRect 清除了画布，从而可以绘制动画中的下一步。接下来，调用了几个函数和方法。注意，这些都和前面的伪代码中列出的步骤基本一致。

还要注意，我们将时间间隔 ID 保存到了变量 intervalId 中。当游戏结束的时候，并且想要停止动画的时候（参见 16.6 节），我们需要用到它。

16.2.2　创建游戏对象

对于这个程序，我们需要使用第 12 章学习的面向对象编程来表示游戏中的两个主要的对象，即贪吃蛇和苹果。我们将为这些对象中的每一个创建一个构造方法（名为 Snake 和 Apple），然后，将方法（例如，move 和 draw）添加到这些构造方法的原型中。

我们还用网格来划分游戏面板，并且创建了一个名为 Block 的构造方法，使用它来创建表示网格中的方块的对象。我们将使用这些 Block 对象来表示贪吃蛇的身体段的位置，并且使用一个单个的 Block 对象来保存苹果的当前位置。这些 Block 还拥有一些方法，可以绘制贪吃蛇的身体段和苹果。

16.2.3　设置键盘控制

在前面的伪代码中，有一部分专门用于响应用户按下键盘。为了允许玩家使用键盘上的箭头键来控制贪吃蛇，我们使用 jQuery 来响应键盘按下，就像在第 15 章中所做的一样。通过查看按键码来识别按下了哪一个键，然后，相应地设置贪吃蛇的方向。

16.3　游戏设置

现在，来整体看看游戏如何工作，让我们来编写一些代码。在本章中，我们首先设置 HTML、画布以及整个游戏中所需的一些变量。然后，来处理游戏所需的几个较为简单的函数，包括绘制游戏板边框的函数，在屏幕上绘制分数的函数，以及结束游戏的函数。在下一章中，我们将创建贪吃蛇和苹果的构造方法和方法，为箭头按键创建事件处理程序，并将所有这些组合起来以完成游戏。

16.3.1　创建 HTML

要开始编写游戏代码，在文本编辑器中输入如下内容，并将其保存为 snake.html。

```
<!DOCTYPE html>
<html>
<head>
    <title>Snake!</title>
</head>

<body>
❶    <canvas id="canvas" width="400" height="400"></canvas>

❷    <script src="https://code.jquery.com/jquery-2.1.0.js"></script>

❸    <script>
     // We'll fill this in next
     </script>
</body>
</html>
```

在 ❶ 处，创建了一个 400 像素 × 400 像素的 canvas 元素，这是绘制游戏的所有内容的地方。在 ❷ 处，包含了 jQuery 库，后面跟着 ❸ 处的 <script> 标签，我们在其中添加自己的 JavaScript 代码，用于控制游戏。现在开始编写 JavaScript。

16.3.2 定义 canvas、ctx、width 和 height 变量

首先，定义了 canvas 和 ctx 变量，它们将允许我们在画布上绘制，此外还有 width 和 height 变量，以获取 canvas 元素的宽度和高度。

```
var canvas = document.getElementById("canvas");
var ctx = canvas.getContext("2d");

var width = canvas.width;
var height = canvas.height;
```

HTML 中的代码将宽度和高度设置为 400 像素，如果你修改了 HTML 中的这些大小，宽度和高度将会和新的大小一致。

16.3.3 将画布划分为块

接下来，我们创建了变量来帮助自己将画布当作是 10 像素 × 10 像素的块的一个网格，如图 16-2 所示。尽管这个网格是不可见的（也就是说，游戏实际上并不会显示它），游戏中的一切都将以与它对齐的方式来绘制。

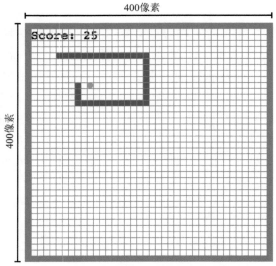

图 16-2　10 像素一个网格，显示了游戏中的块布局

　　贪吃蛇和苹果都将是一个块的宽度，以便它们都能够刚好放到这个网格中。对于动画的每一个步骤，贪吃蛇将会在其相应的方向移动一个方格。

　　将使用这些变量在画布上创建块：

```
❶ var blockSize = 10;
❷ var widthInBlocks = width / blockSize;
   var heightInBlocks = height / blockSize;
```

　　在 ❶ 处，创建了一个名为 blockSize 的变量并且将其设置为 10，因为想要将块设置为 10 像素高和宽。在 ❷ 处，创建了变量 widthInBlocks 和

heightInBlocks。将 widthInBlocks 设置为画布的宽度除以块的大小，这就得到了画布有多少个块那么宽。类似的，heightInBlocks 告诉我们画布有多少个块那么高。在画布达到 400 个像素宽和高的时候，widthInBlocks 和 heightInBlocks 都是 40。如果你统计图 16-2 中的方块数目（包括边框），就会看到它的宽和高都是 40 个块。

16.3.4　定义 score 变量

最后，定义 score 变量：

```
var score = 0;
```

使用 score 变量来记录玩家的分数。程序刚开始，将 score 设置为 0。每次贪吃蛇吃掉一个苹果的时候，将 score 增加 1。

16.4　绘制边框

接下来，创建一个 drawBorder 函数来绘制围绕画布的边框。将这个边框设置为 1 个块（10 像素）那么宽。

该函数将绘制 4 个长的、窄长的矩形，每个矩形用作边框的一边。每个矩形都将是 blockSize（10 像素）的厚度，并且拥有完整画布的宽度或高度。

```
var drawBorder = function () {
    ctx.fillStyle = "Gray";
❶   ctx.fillRect(0, 0, width, blockSize);
❷   ctx.fillRect(0, height - blockSize, width, blockSize);
❸   ctx.fillRect(0, 0, blockSize, height);
❹   ctx.fillRect(width - blockSize, 0, blockSize, height);
};
```

首先，将 fillstyle 设置为灰色，因为想要让边框显示为灰色。然后，在 ❶ 处，绘制了边框的顶部矩形。这里，从画布的左上角（0, 0）开始，绘制了一个矩形，其宽度为 width（400 像素）而高度为 blockSize（10 像素）。

接下来，在 ❷ 处，绘制了边框的底边。这是位于坐标（0, height - blockSize）或（0, 390）的一个矩形，即位于画布底部之上的 10 个像素的位置。和顶部的边框一样，这个矩形的宽度为 width，高度为 blockSize。

图 16-3 展示了顶部边框和底部边框的样子。

图 16-3　顶部边框和底部边框

在 ❸ 处，绘制了左边框；在 ❹ 处，绘制了右边框。

图 16-4 展示了这两个边的添加。

图 16-4　左边框和右边框（其中，顶部边框和底部边框显示为浅灰色）

16.5　显示分数

现在来编写 drawScore 函数，以便在画布的左上角显示分数，如图 16-1 所示。该函数使用 fillText 环境方法为画布添加文本。fillText 方法接收一个文本字符串，以及想要显示文本的位置的 x 和 y 坐标。例如：

```
ctx.fillText("Hello world!", 50, 50);
```

将会在画布上的坐标（50，50）处显示字符串"Hello world！"。图 16-5 展示了其样子。

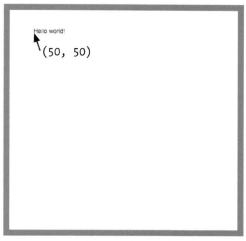

图 16-5　在点（50，50）显示字符串"Hello world！"

看看，我们已经把文本显示到画布上了。但是，如果想要对文本的外观进行更多的控制，例如，调整大小和字体，以及更改对齐方式，该怎么办呢？我们可能想要使用不同的字体显示贪吃蛇游戏中的分数，让文本更大一些，并且确保文本准确地位于左上角，紧挨着边框的下面。因此，在编写 drawScore 函数之前，先来了解一下 fillText 方法，看看定制文本在画布上的显示的一些方法。

16.5.1　设置文本基线

确定文本出现在什么地方的坐标位置叫作基线（baseline）。默认情况下，文本的左下角与基线点对齐，以便文本出现在基线点的右上方。

要修改文本相对于基线的位置，可以更改 textBaseline 属性。该属性的默认值是 "bottom"，但是，也可以将其设置为 "top" 或 "middle"。图 16-6 展示了文本是如何针对这些选项而对齐的，相对于传递给 fillText 的基线点（显示为一个红点）。

bottom   middle   top

图 16-6　修改 textBaseline 的效果

例如，要把文本放到基线之下，输入：

```
ctx.textBaseline = "top";
ctx.fillText("Hello world!", 50, 50);
```

现在，当你调用 fillText 的时候，文本将位于点（50，50）的下方，如图 16-7 所示。

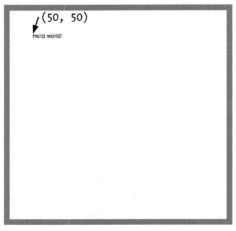

图 16-7　字符串"Hello world！"，其 textBaseline 设置为 "top"

类似的，要修改文本相对于基线点的水平位置，可以将 textAlign 属性设置为 "left"、"center" 或 "right"。图 16-8 显示了其结果。

left   center   right

图 16-8　修改 textAlign 的结果

16.5.2　设置大小和字体

可以通过设置绘制环境的 font 属性来更改文本的大小和字体。下面列出了我们可以使用的不同字体的一些示例：

```
❶ ctx.font = "20px Courier";
  ctx.fillText("Courier", 50, 50);

  ctx.font = "24px Comic Sans MS";
  ctx.fillText("Comic Sans", 50, 100);

  ctx.font = "18px Arial";
  ctx.fillText("Arial", 50, 150);
```

　　font 属性接受一个字符串，其中包含了想要使用的字体的大小和名称。例如，在 ❶ 处，我将 font 属性设置为 "20px Courier"，这意味着文本将会以 20 像素大小的 Courier 字体显示。图 16-9 展示了当绘制到画布上的时候这些不同字体的样子。

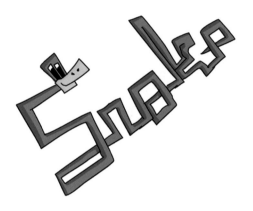

图 16-9　20 像素的 Courier，24 像素的 Comic Sans 和 18 像素的 Arial

16.5.3 编写 drawScore 函数

现在，继续前进并编写 drawScore 函数，它绘制了一个字符串，以便在画布上显示当前分数。

```
var drawScore = function () {
  ctx.font = "20px Courier";
  ctx.fillStyle = "Black";
  ctx.textAlign = "left";
  ctx.textBaseline = "top";
  ctx.fillText("Score: " + score, blockSize, blockSize);
};
```

该函数将 font 设置为 20 像素的 Courier（20px Courier），使用 fillStyle 将颜色设置为黑色，用 textAlign 属性将文本左对齐，然后将 textBaseline 属性设置为 "top"。

接下来，使用字符串 "Score: " + score 调用 fillText。score 变量将玩家的当前分数保存为一个数字。在游戏开始处，将起始分数设置为 0（参见 16.3.4 小节），因此，一开始这里将显示 "Score: 0"。

当调用 fillText 的时候，将 x 和 y 坐标设置为 blockSize。由于已经将 blockSize 设置为 10 了，这次把分数的基线点设置为（10，10），这刚好在边框的左上角之中。由于将 textBaseline 设置为 "top"，因此文本刚好出现在基线点的下方，如图 16-10 所示。

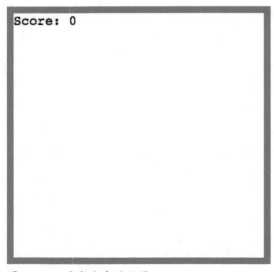

图 16-10　分数文本的位置

16.6　结束游戏

当贪吃蛇碰到墙壁或者碰到自己的身体的时候，我们将调用 gameOver 函数来结束游戏。gameOver 函数使用 clearInterval 来停止游戏，并且在画布上显示文本 "Game Over"。gameOver 函数如下所示：

```
var gameOver = function () {
  clearInterval(intervalId);
  ctx.font = "60px Courier";
  ctx.fillStyle = "Black";
  ctx.textAlign = "center";
  ctx.textBaseline = "middle";
  ctx.fillText("Game Over", width / 2, height / 2);
};
```

首先，通过调用 clearInterval 并传入变量 intervalId 来停止游戏。这将会取消在 16.2.1 小节所创建的 setInterval 动画函数。

接下来，将字体设置为 60 像素的黑色 Courier，将文本居中对齐，并且把 textBaseline 属性设置为 "middle"。然后，调用 fillText 并告诉它把字符串 "Game Over"绘制到 x 坐标为 width / 2、y 坐标为 height / 2 的位置。最终的"Game Over"文本将会在画布中居中显示，如图 16-11 所示。

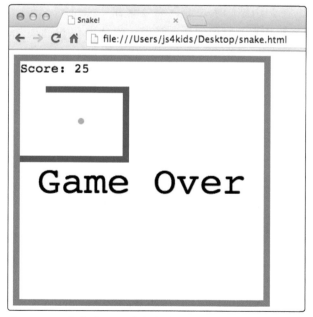

图 16-11　当贪吃蛇碰到左墙壁后，显示 "Game Over" 屏幕

16.7　本章小结

在本章中,我们介绍了贪吃蛇游戏的大概框架,以及开发游戏所需的一些函数。学习了如何把文本绘制到画布上,以及如何定制其大小、字体和位置。

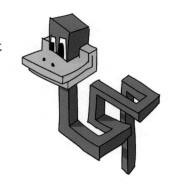

在下一章中,我们编写贪吃蛇和苹果的代码,以及处理键盘事件的代码,从而完成这个游戏。

16.8　编程挑战

在完成这个游戏编程之前,有如下一些练习可以尝试。

#1: 综合应用

尽管已经展示了游戏的所有代码,你可以运行代码以绘制边框和分数。打开 HTML 文件(参见 16.3.1 小节)并添加代码以设置画布,创建分数,绘制边框并绘制分数。现在,你只需要调用 drawBorder 和 drawScore 来看看边框和分数。它看上去应该如图 16-10 所示。你也可以尝试 gameOver 函数,但是,在调用该函数之前,需要删除"clearInterval(intervalId);"一行。你还没有创建 intervalId 变量,因此,目前如果没有删除这一行就调用该函数,那么将会得到一个错误。

#2: 将分数动画

编写自己的 setInterval 调用,使用这样一个函数,它将分数增加 1,然后每 100 毫秒使用 drawScore 来绘制更新的分数。记住,每次你需要在画布环境上使用 clearRect 方法,以清除画布。

#3: 给 Hangman 添加文本

第 13 章的编程挑战 #4,使用画布绘制了 Hangman 游戏中的人物。尝试扩展 Hangman 游戏,使用 fillText 方法绘制 Hangman 中的当前的单词,如右图所示。

提示：

　　为了给每个字母加下划线，使用了 30 像素长的画笔来画线条，每个线条之间相隔 10 个像素。甚至可以考虑更多的挑战，绘制这样的效果，将没有猜对的单词画线叉掉，如右图所示。

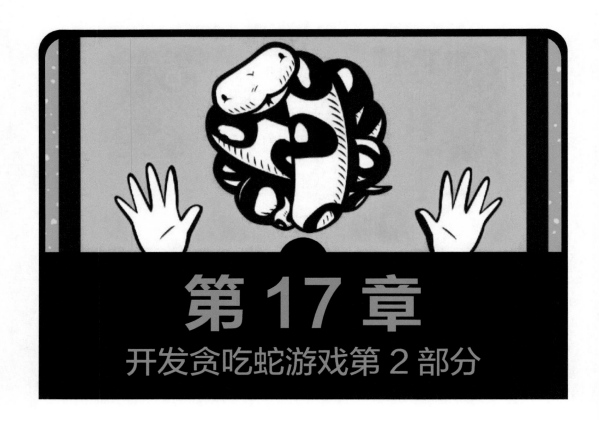

第 17 章

开发贪吃蛇游戏第 2 部分

  在本章中，我们完成贪吃蛇游戏的构建。在第 16 章中，我们设置了游戏区域并且介绍了游戏大概的样子。现在，我们来创建表示游戏中的贪吃蛇和苹果的对象，并且编写一个键盘事件处理程序，以便玩家能够使用箭头键控制贪吃蛇。最后，我们将给出游戏的完整代码列表。

在为游戏创建贪吃蛇和苹果对象的时候，我们将使用第 12 章所学习的面向对象编程技术，为每个对象创建构造方法和一般方法。贪吃蛇和苹果对象都将依赖于一个更加基础的块对象，我们使用该对象来表示游戏面板网格中的一个块。首先为这一简单的块对象创建一个构造方法。

17.1　构建 Block 构造方法

在本节中，我们将定义一个 Block 构造方法，它会创建对象来表示不可见的游戏网格中的单个的块。每个块都有 col（column 的缩写）和 row 属性，它们将存储特定的块在网格上的位置。图 17-1 展示了这个带有数目固定的一些列和行的网格。尽管这个网格并不会真的出现在屏幕上，游戏设计成让苹果和贪吃蛇段总是能够和网格中的块对齐。

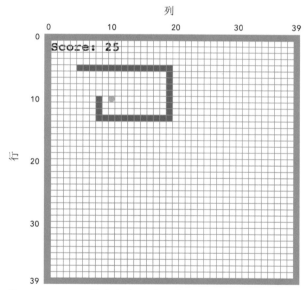

图 17-1　Block 构造方法所使用的列数和行数

在图 17-1 中，位于第 10 列第 10 行的块包含了绿色的苹果。贪吃蛇的头位于第 8 列第 10 行（在苹果的左边）。

以下是 Block 构造方法的代码。

```
var Block = function (col, row) {
  this.col = col;
  this.row = row;
};
```

列值和行值作为参数传递给构造方法，并且保存在新的对象的 col 和 row 属性中。

现在，使用该构造方法来创建一个对象，以表示游戏网格上的一个特定的块。例如，下面我们创建了一个对象，表示了第 5 列第 5 行中的块。

```
var sampleBlock = new Block(5, 5);
```

17.1.1　添加 drawSquare 方法

到目前为止，这个块对象允许我们表示网格上的一个位置，但是，要真正让某个事物出现在该位置，我们需要将其绘制到画布上。接下来，添加了两个方法，drawSquare 和 drawCircle，它们分别可以在网格的一个特定的块上绘制一个方框和一个圆圈。首先，drawSquare 方法如下所示：

```
  Block.prototype.drawSquare = function (color) {
❶   var x = this.col * blockSize;
❷   var y = this.row * blockSize;
    ctx.fillStyle = color;
    ctx.fillRect(x, y, blockSize, blockSize);
  };
```

在第 12 章中，我们介绍过，如果给一个构造方法的 prototype 属性添加方法，使用该构造方法创建的任何对象都能够使用这些方法。因此，通过将 drawSquare 方法添加给 Block.prototype，我们使得任何块对象都可以使用该方法。

这个方法在该块的 col 属性和 row 属性所给定的位置绘制一个方块。它接受单个的参数 color，该参数决定了方块的颜色。要使用 canvas 绘制一个方块，我们需要提供方块左上角的 x 和 y 坐标位置。在 ❶ 和 ❷ 处，我们通过将 col 和 row 属性乘以 blockSize，计算出当前块的 x 值和 y 值。然后，将绘制环境的 fillStyle 属性设置为该方法的 color 参数。

最后，调用 ctx.fillRect，传入计算得到的 x 和 y 值以及 blockSize，用作方块的宽度和高度。

如下所示，在第 3 列和第 4 行创建了一个块，并且绘制它。

```
var sampleBlock = new Block(3, 4);
sampleBlock.drawSquare("LightBlue");
```

图 17-2 展示了这个方块绘制到画布上的样子，以及如何度量所计算的方块。

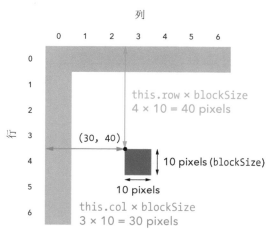

图 17-2　计算绘制方法所要用到的值

17.1.2　添加 drawCircle 方法

现在来看 drawCircle 方法。它类似于 drawSquare 方法，但是它绘制一个圆圈而不是方块。

```
Block.prototype.drawCircle = function (color) {
  var centerX = this.col * blockSize + blockSize / 2;
  var centerY = this.row * blockSize + blockSize / 2;
  ctx.fillStyle = color;
  circle(centerX, centerY, blockSize / 2, true);
};
```

首先，创建了两个新的变量 centerX 和 centerY，以计算圆圈的圆心的位置。和前面一样，将 col 和 row 属性乘以 blockSize，但是，这一次还必须加上 blockSize / 2，因为我们需要圆心的像素坐标，它刚好在一个块的中间（如图 17-3 所示）。

和 drawSquare 中一样，将环境 fillStyle 设置为 color 参数，然后调用可靠的 circle 函数，传入 centerX 和 centerY 作为 x 和 y 坐标，传入 blockSize / 2 作

为半径，并且参数 true 告诉函数填充圆圈。这和第 14 章中定义的 circle 函数相同，因此，必须再次在这个程序中包含该函数的定义（正如你在最终的代码列表中所能看到的）。

如下代码中，我们在第 4 列第 3 行绘制了一个圆圈：

```
var sampleCircle = new Block(4, 3);
sampleCircle.drawCircle("LightGreen");
```

图 17-3 展示了该圆圈，带有圆心和半径的计算。

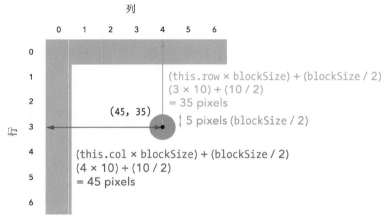

图 17-3　计算用于绘制圆圈的值

17.1.3　添加 equal 方法

在游戏中，需要知道两个块是否位于同一位置。例如，如果苹果和贪吃蛇的头部位于同一位置，这意味着，贪吃蛇会吃掉苹果。另一方面，如果贪吃蛇的头部和尾部位于同一位置，那么，贪吃蛇碰到了自己。

为了使得比较块的位置更为容易，我们给 Block 构造方法原型添加了 equal 方法。当在一个块对象上调用 equal 并传递另一个对象作为一个参数，如果两个对象位于相同的位置，它将返回 true（否则的话，返回 false）。代码如下：

```
Block.prototype.equal = function (otherBlock) {
  return this.col === otherBlock.col && this.row === otherBlock.row;
};
```

该方法相当简单直接，如果两个块（this 和 otherBlock）具有相同的 col 和 row 属性（也就是说，如果 this.col 等于 therBlock.col，并且 this.row 等于 otherBlock.row），那么，它们位于相同的位置，并且该方法返回 true。

例如，创建名为 apple 和 head 的两个新的块，看看它们是否位于相同的位置：

```
var apple = new Block(2, 5);
var head = new Block(3, 5);
head.equal(apple);
false
```

尽管 apple 和 head 拥有相同的 row 属性（5），但其 col 属性是不同的。如果我们将 head 设置为一个新的块对象，并且向左移动一列，那么现在该方法告诉我们这两个对象位于相同的位置：

```
head = new Block(2, 5);
head.equal(apple);
true
```

注意，写作 head.equal（apple）还是 apple.equal（head）没有任何区别，在这两种情况下，我们是在进行同样的比较。

稍后将使用 equal 方法来检查贪吃蛇是否吃到苹果或者碰到自己。

17.2　创建贪吃蛇

现在来创建贪吃蛇。我们把贪吃蛇的位置存储为一个名为 segments 的数组，其中包含了一系列的块对象。为了移动贪吃蛇，我们在 segments 数组的开头添加一个新的块，并且从数组的尾部删除该块。Segments 数组的第一个元素将表示贪吃蛇的头部。

17.2.1　编写 Snake 构造方法

首先，需要一个构造方法来创建贪吃蛇对象：

```
var Snake = function () {
❶   this.segments = [
      new Block(7, 5),
      new Block(6, 5),
      new Block(5, 5)
    ];

❷   this.direction = "right";
❸   this.nextDirection = "right";
  };
```

定义 Snake 的 Segments

❶ 处的 segments 属性是块对象的一个数组，其中每个块对象表示贪吃蛇身体的一段。当开始游戏的时候，这个数组将包含 3 个块，分别位于（7，5）、（6，5）和（5，5）。图 17-4 展示了贪吃蛇的这 3 个最初的段。

设置移动的方向

❷ 处的 direction 属性存储了贪吃蛇的当前位置。构造方法还在 ❸ 处添加了 nextDirection 属性，它存储了贪吃蛇在下一个动画步骤将要移动的方向。当玩家按下一个箭头键的时候，这个属性将由 keydown 事件处理程序（参见 17.4.1 小节）更新。现在，构造方法将这两个属性都设置为 "right"，因此游戏一开始的时候，贪吃蛇向右移动。

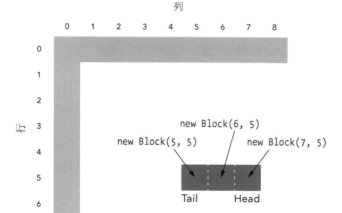

图 17-4　组成贪吃蛇最初的块

17.2.2　绘制贪吃蛇

　　为了绘制贪吃蛇，我们直接遍历其 segments 数组中的每一个块，在每个块上调用在前面所创建的 drawSquare 方法。这将会为贪吃蛇的每一段都绘制一个方块。

```
Snake.prototype.draw = function () {
  for (var i = 0; i < this.segments.length; i++) {
    this.segments[i].drawSquare("Blue");
  }
};
```

　　draw 方法使用一个 for 循环来在 segments 数组的每一个块对象上运行。每一次循环之中，这段代码都接受当前的段（this.segments［i］）并且在其上调用 drawSquare（"Blue"），这将会在相应的块中绘制一个蓝色的方块。

　　如果想要测试 draw 方法，可以运行如下的代码，这会使用 Snake 构造方法创建一个新的对象，并且调用其 draw 方法：

```
var snake = new Snake();
snake.draw();
```

17.3　移动贪吃蛇

　　我们将创建一个 move 方法，沿着贪吃蛇的当前方向将其移动一个块。为了移动贪吃蛇，我们添加了一个新的头部段（在 segments 数组的开头添加了一个新的 block 对象），然后，从 segments 数组删除尾部段。

move 方法还将调用一个 checkCollision 方法，来查看新的头部是否与贪吃蛇其他的部分或者墙发生碰撞，以及新的头部是否吃到了苹果。如果新的头部与身体或墙发生碰撞，调用在第 16 章中创建的 gameOver 函数来结束游戏。如果贪吃蛇吃到了苹果，我们增加分数，并且将苹果移动到新的位置。

17.3.1 添加 move 方法

Move 方法如下所示：

```
  Snake.prototype.move = function () {
❶   var head = this.segments[0];
❷   var newHead;

❸   this.direction = this.nextDirection;

❹   if (this.direction === "right") {
      newHead = new Block(head.col + 1, head.row);
    } else if (this.direction === "down") {
      newHead = new Block(head.col, head.row + 1);
    } else if (this.direction === "left") {
      newHead = new Block(head.col - 1, head.row);
    } else if (this.direction === "up") {
      newHead = new Block(head.col, head.row - 1);
    }
❺   if (this.checkCollision(newHead)) {
      gameOver();
      return;
    }

❻   this.segments.unshift(newHead);

❼   if (newHead.equal(apple.position)) {
      score++;
      apple.move();
    } else {
      this.segments.pop();
    }
  };
```

让我们一段一段地来介绍这个方法。

创建新的头部

在 ❶ 处，将 this.segments 数组的第一个元素保存到了变量 head 中。在该方法中，将多次引用贪吃蛇的这个第一段，因此，使用这个变量将减少很多录入，并且使得代码更容易阅读一些。现在，我们直接输入 head，而不必一次次地重复使用 this.segments [0]。

在 ❷ 处，创建了变量 newHead，它将用来存储表示贪吃蛇的新头部的（这是我们准备添加的）块。

在 ❸ 处，将 this.direction 设置为和 this.nextDirection 相等，这会将贪吃蛇的移动方向更新为与最近按下的箭头键一致（当我们介绍 keydown 事件处理程序的时候，将会更详细地看到这是如何工作的）。

---

direction 和 nextDirection

对于动画中的每一步，贪吃蛇的 direction 属性都会更新一次，因为每个动画步骤都会调用一次 move 方法。另一方面，当玩家在任何时候按下一个箭头键，nextDirection 属性都会更新（因此，如果玩家按键真的很快，这个属性理论上可能会在每个动画步骤中更新多次）。通过保持这两个属性各自分离，我们确保了如果玩家在动画的两个步骤之间非常快速地按下两个箭头键，贪吃蛇不会回过头来碰到自己。

从 ❹ 处开始，使用一系列的 if…else 语句来确定贪吃蛇的方向。在每种情况下，我们为贪吃蛇创建了一个新的头部并且将其保存到变量 newHead 中。根据移动的方向，给已有的头部加上或减去一个行或列，从而直接将这个新的头部放到旧的头部的旁边（根据贪吃蛇移动的方向，在右边、左边、上边或下边）。例如，图 17-5 展示了当 this.nextDirection 设置为 "down" 的时候，如何给贪吃蛇添加新的头部。

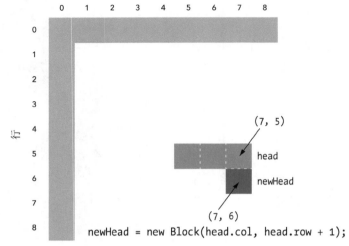

图 17-5　当 this.nextDirection 为 "down" 的时候创建 newHead

检查碰撞并添加头部

在 ❺ 处，调用 checkCollision 方法来确定贪吃蛇是否和墙或者自身发生碰撞。稍后再来看这个方法的代码，但是，你可能猜到了，如果贪吃蛇和某些物体发生碰撞，该方法会返回 true。如果发生这种情况，if 语句的主体部分会调用 gameOver 函数来结束游戏，并且在画布上显示"Game Over"。

跟在 gameOver 后面的 return 关键字，会退出前面的 move 方法，跳过其后面的任何代码。只有在 checkCollision 返回 true 的时候，才会遇到 return 关键字，因此，如果贪吃蛇没有和任何物体发生碰撞，将会执行剩余的代码。

只要贪吃蛇没有和某个物体碰撞，就会在贪吃蛇的前面添加新的头部，在 ❻ 处，通过使用 unshift 把 newHead 添加到 segments 数组的开始，从而做到这一点。要了解 unshift 方法如何用于数组的更多细节，参见 3.6.2 小节。

吃苹果

在 ❼ 处，使用 equal 方法来比较 newHead 和 apple.position。如果这两个块位于相同的位置，equal 方法将会返回 true，这意味着，贪吃蛇吃掉了苹果。

如果贪吃蛇吃掉了苹果，我们增加分数然后在苹果上调用 move 将其移动到一个新的位置。如果贪吃蛇没有吃掉苹果，在 this.segments 之上调用 pop。这将会删除贪吃蛇的尾部，并保持贪吃蛇为同样的大小（因为 move 已经在贪吃蛇的头部添加了一个段）。当贪吃蛇吃掉苹果的时候，它会长长一段，因为我们向其头部添加了一个段而没有删除掉尾部。

我们还没有定义 apple，因此，这个方法的当前版本还不能完整地工作。如果你想要测试它，可以删除位于 ❼ 的整个 if…else 语句，并用如下的代码行替代它：

```
this.segments.pop();
```

然后，你需要做的只是定义 checkCollision 方法，我们接下来就干这件事情。

17.3.2　添加 checkCollision 方法

每次为贪吃蛇的头部设置一个新的位置的时候，都必须检查碰撞。碰撞检测在游戏机制中是一个很常见的步骤，往往也是游戏编程中较为复杂的一个方面。好在，在贪吃蛇游戏中，碰撞检测相对简单。

贪吃蛇游戏关注两种类型的碰撞：和墙的碰撞，以及和蛇自身的碰撞。如果贪吃蛇碰到了墙，就会发生和墙的碰撞。如果贪吃蛇头部翻转并碰到了自己的身体，就会发生和自身的碰撞。在游戏开始的时候，贪吃蛇太短了，无法碰到自己，但是在吃了一些苹果之后，它就有可能碰到自己。

以下是 checkCollision 方法：

```
  Snake.prototype.checkCollision = function (head) {
❶   var leftCollision = (head.col === 0);
    var topCollision = (head.row === 0);
    var rightCollision = (head.col === widthInBlocks - 1);
    var bottomCollision = (head.row === heightInBlocks - 1);

❷   var wallCollision = leftCollision || topCollision || ↵
      rightCollision || bottomCollision;
```

```
❸   var selfCollision = false;

❹   for (var i = 0; i < this.segments.length; i++) {
      if (head.equal(this.segments[i])) {
❺       selfCollision = true;
      }
    }

❻   return wallCollision || selfCollision;
    };
```

检查和墙的碰撞

在 ❶ 处，创建了 leftCollision 变量并将其设置为 head.col === 0 的值。如果贪吃蛇和左边的墙碰撞，也就是说，当它的列为 0 的时候，这个变量为 true。类似的，下一行中的 topCollision 变量检查贪吃蛇的头部的行，看看它是否碰到上面的墙。

然后，通过检查头部的列值是否等于 widthInBlocks – 1 来检查它是否和右边的墙碰撞。由于 widthInBlocks 设置为 40，这会检查头部是否位于第 39 列，这和右边的墙对应，你可以回到图 17-1 查看这一点。然后，对 bottomCollision 做相同的事情，查看蛇的头部的 row 属性是否等于 heightInBlocks – 1。

在 ❷ 处，使用 || （or）运算符检查 leftCollision、topCollision、rightCollision 或 bottomCollision 是否为 true，判断贪吃蛇是否和墙碰撞。将布尔类型的结果保存到变量 wallCollision 中。

检查和自己的碰撞

为了判断贪吃蛇是否和自身碰撞，在 ❸ 处创建了一个名为 selfCollision 的变量，并且一开始将其设置为 false。然后，在 ❹ 处，使用一个 for 循环来遍历蛇的所有身段，使用 head.equal（this.segments［i］）来确定新的头部是否和任何的一段处于相同的位置。头部和所有其他的段都是块，因此，可以使用为块对象定义的 equal 方法来看看它们是否位于相同的位置。如果发现贪吃蛇的任何一段与新的头部位于相同的位置，就知道蛇和自身发生了碰撞，可以将 selfCollision 设置为 true（在 ❺ 处）。

最后，在 ❻ 处，返回 wallCollision || selfCollision，如果贪吃蛇和墙或者自身碰撞，它将会是 true。

17.4　用键盘设置贪吃蛇的方向

接下来，编写代码让玩家使用键盘来设置贪吃蛇的方向。我们将添加一个 keydown 事件处理程序，它检测何时按下一个箭头键，并且将贪吃蛇的方向设置为与该键一致。

17.4.1　添加 keydown 事件处理程序

以下代码处理键盘事件：

```
❶ var directions = {
      37: "left",
      38: "up",
      39: "right",
      40: "down"
   };

❷ $("body").keydown(function (event) {
      var newDirection = directions[event.keyCode];
❸    if (newDirection !== undefined) {
        snake.setDirection(newDirection);
      }
   });
```

在 ❶ 处，创建了一个对象，它将箭头按键的代码转换为字符串，该字符串表明了箭头键所代表的方向（这个对象和我们在 15.2.7 小节中所使用的 keyActions 对象类似）。在 ❷ 处，向 body 元素上的 keydown 事件附加一个事件处理程序。当用户按下一个按键的时候，将会调用该事件处理程序（只要先在 Web 页面的范围单击它们）。

这个事件处理程序首先将事件的按键代码转换为一个方向字符串，然后，将字符串存储到 newDirection 变量中。如果按键代码不是 37、38、39 或 40（这是我们所关注的箭头按键的代码），directions [event.keyCode] 将会是 undefined。

在 ❸ 处，查看 newDirection 是不是 undefined。如果它不是 undefined，在贪吃蛇上调用 setDirection 方法，传入 newDirection 字符串（由于在这个 if 语句中没有 else 的情况，如果 newDirection 是 undefined，那么，只是忽略按键按下）。

这段代码无效，因为没有在贪吃蛇上定义 setDirection 方法。我们现在来做这件事情。

17.4.2 添加 setDirection 方法

setDirection 方法接受来自刚才所介绍的键盘处理事件的新的方向，并且使用它更新贪吃蛇的方向。这个方法还防止玩家调头以导致贪吃蛇立即碰到自己。例如，如果贪吃蛇向右移动，然后它突然向左转而不向上或向下移动以改变路径，那么它会和自己碰撞。这种现象叫作非法调头，因为我们不想让玩家这么做。例如，图 17-6 展示了有效的方向以及当贪吃蛇向右移动的时候的一个非法方向。

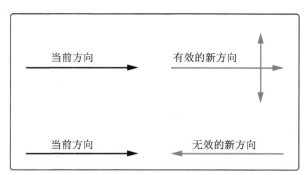

图 17-6　基于当前方向的有效的新方向

setDirection 方法检查玩家是否试图进行非法调头。如果是的，该方法使用 return 来尽早结束；否则的话，它更新贪吃蛇对象上的 nextDirection 属性。

以下是 setDirection 方法的代码。

```
  Snake.prototype.setDirection = function (newDirection) {
❶    if (this.direction === "up" && newDirection === "down") {
      return;
    } else if (this.direction === "right" && newDirection === "left") {
      return;
    } else if (this.direction === "down" && newDirection === "up") {
      return;
    } else if (this.direction === "left" && newDirection === "right") {
      return;
    }

❷    this.nextDirection = newDirection;
  };
```

❶ 处的 if…else 语句有 4 个部分，分别处理我们想要防止的 4 种非法调头。第一部分表示，如果贪吃蛇向上移动（this.direction is "up"）并且玩家按下了向下按键（newDirection is "down"），应该用 return 尽早退出该方法。该语句的其他部分，以相同的方式来处理其他的非法调头。

只有当 newDirection 是一个有效的新方向的时候，setDirection 方法才会到达最后一行；否则，return 语句之一将会停止该方法。

如果允许 newDirection，在 ❷ 处，把它设置为贪吃蛇的 nextDirection 属性。

17.5　创建苹果

在该游戏中，把苹果表示为一个对象，它包含 3 个组成部分：一个 position 属性，它把苹果的位置存储为一个块对象；还有一个 draw 方法，用来绘制苹果；以及一个 move 方法，一旦贪吃蛇吃掉了苹果，用它来给苹果一个新的位置。

17.5.1　编写 Apple 构造方法

构造方法直接将苹果的 position 属性设置为一个新的块对象。

```
var Apple = function () {
  this.position = new Block(10, 10);
};
```

这在第 10 列第 10 行创建了一个新的块对象，并且将其赋值给苹果的 position 属性。在游戏开始的时候，将使用该构造方法来创建一个苹果对象。

17.5.2 绘制苹果

使用 draw 方法来绘制苹果：

```
Apple.prototype.draw = function () {
  this.position.drawCircle("LimeGreen");
};
```

苹果的 draw 方法非常简单，因为所有困难的工作都由 drawCircle 方法完成了（该方法在 17.1.2 小节中创建）。为了绘制苹果，直接根据苹果的 position 属性调用 drawCircle 方法，传入颜色 "LimeGreen"，让该方法在给定的块中绘制一个绿色的圆圈。为了测试苹果的绘制，运行如下的代码：

```
var apple = new Apple();
apple.draw();
```

17.5.3 移动苹果

Move 方法将苹果移动到游戏区域中的一个随机的新位置（即画布，而不是边框上的任何块）。当贪吃蛇吃掉苹果的时候，调用该方法，以便苹果出现在一个新的位置。

```
  Apple.prototype.move = function () {
❶   var randomCol = Math.floor(Math.random() * (widthInBlocks - 2)) + 1;
    var randomRow = Math.floor(Math.random() * (heightInBlocks - 2)) + 1;
❷   this.position = new Block(randomCol, randomRow);
  };
```

在 ❶ 处，创建了 randomCol 和 randomRow 变量。这些变量将设置为游戏区域内的一个随机的列和行。如图 17-1 所示，游戏区域的列和行的范围是 1 到 38，因此，需要从该范围中选取两个随机数。

为了生成这些随机数，调用 Math.floor（Math.random() * 38），它给出了从 0 到 37 的一个随机数，然后，给结果加 1 以得到 1 到 38 之间的一个数字（要了解关于 Math.floor 和 Math.random 是如何工作的，参阅 3.7.2 小节）。

在 ❶ 处所做的事情，就是创建随机的列值，但是，不是写成 38，而是（widthInBlocks - 2）。这意味着，如果随后修改游戏的大小，也不必再修改这段代码。使用 Math.floor（Math.random() *（heightInBlocks - 2））+ 1，做同样的事情来获取随机的行值。

最后，在 ❷ 处，使用随机的列和行值创建了一个新的块对象，并且将其保存到 this.position 中。这意味着，苹果的位置将会更新为游戏区域之中的某个新的随机位置。

可以像下面这样测试 move 方法：

```
var apple = new Apple();
apple.move();
apple.draw();
```

17.6　综合应用

游戏的完整代码，包含了将近 200 行的 JavaScript 代码。将其整合之后，如下所示。

```
// Set up canvas
❶ var canvas = document.getElementById("canvas");
  var ctx = canvas.getContext("2d");

  // Get the width and height from the canvas element
  var width = canvas.width;
  var height = canvas.height;

  // Work out the width and height in blocks
  var blockSize = 10;
  var widthInBlocks = width / blockSize;
  var heightInBlocks = height / blockSize;

  // Set score to 0
  var score = 0;

  // Draw the border
❷ var drawBorder = function () {
    ctx.fillStyle = "Gray";
    ctx.fillRect(0, 0, width, blockSize);
    ctx.fillRect(0, height - blockSize, width, blockSize);
    ctx.fillRect(0, 0, blockSize, height);
    ctx.fillRect(width - blockSize, 0, blockSize, height);
  };

  // Draw the score in the top-left corner
  var drawScore = function () {
    ctx.font = "20px Courier";
    ctx.fillStyle = "Black";
    ctx.textAlign = "left";
    ctx.textBaseline = "top";
```

```
    ctx.textBaseline = "top";
    ctx.fillText("Score: " + score, blockSize, blockSize);
  };

  // Clear the interval and display Game Over text
  var gameOver = function () {
    clearInterval(intervalId);
    ctx.font = "60px Courier";
    ctx.fillStyle = "Black";
    ctx.textAlign = "center";
    ctx.textBaseline = "middle";
    ctx.fillText("Game Over", width / 2, height / 2);
  };

  // Draw a circle (using the function from Chapter 14)
  var circle = function (x, y, radius, fillCircle) {
    ctx.beginPath();
    ctx.arc(x, y, radius, 0, Math.PI * 2, false);
    if (fillCircle) {
      ctx.fill();
    } else {
      ctx.stroke();
    }
  };

  // The Block constructor
❸ var Block = function (col, row) {
    this.col = col;
    this.row = row;
  };

  // Draw a square at the block's location
  Block.prototype.drawSquare = function (color) {
    var x = this.col * blockSize;
    var y = this.row * blockSize;
    ctx.fillStyle = color;
    ctx.fillRect(x, y, blockSize, blockSize);
  };

  // Draw a circle at the block's location
  Block.prototype.drawCircle = function (color) {
    var centerX = this.col * blockSize + blockSize / 2;
    var centerY = this.row * blockSize + blockSize / 2;
    ctx.fillStyle = color;
    circle(centerX, centerY, blockSize / 2, true);
  };

  // Check if this block is in the same location as another block
```

```
Block.prototype.equal = function (otherBlock) {
  return this.col === otherBlock.col && this.row === otherBlock.row;
};
// The Snake constructor
❹ var Snake = function () {
  this.segments = [
    new Block(7, 5),
    new Block(6, 5),
    new Block(5, 5)
  ];

  this.direction = "right";
  this.nextDirection = "right";
};

// Draw a square for each segment of the snake's body
Snake.prototype.draw = function () {
  for (var i = 0; i < this.segments.length; i++) {
    this.segments[i].drawSquare("Blue");
  }
};

// Create a new head and add it to the beginning of
// the snake to move the snake in its current direction
Snake.prototype.move = function () {
  var head = this.segments[0];
  var newHead;

  this.direction = this.nextDirection;

  if (this.direction === "right") {
    newHead = new Block(head.col + 1, head.row);
  } else if (this.direction === "down") {
    newHead = new Block(head.col, head.row + 1);
  } else if (this.direction === "left") {
    newHead = new Block(head.col - 1, head.row);
  } else if (this.direction === "up") {
    newHead = new Block(head.col, head.row - 1);
  }

  if (this.checkCollision(newHead)) {
    gameOver();
    return;
  }
```

```
      this.segments.unshift(newHead);

  if (newHead.equal(apple.position)) {
    score++;
    apple.move();
  } else {
    this.segments.pop();
  }
};

// Check if the snake's new head has collided with the wall or itself
Snake.prototype.checkCollision = function (head) {
  var leftCollision = (head.col === 0);
  var topCollision = (head.row === 0);
  var rightCollision = (head.col === widthInBlocks - 1);
  var bottomCollision = (head.row === heightInBlocks - 1);

  var wallCollision = leftCollision || topCollision || ↵
    rightCollision || bottomCollision;

  var selfCollision = false;

  for (var i = 0; i < this.segments.length; i++) {
    if (head.equal(this.segments[i])) {
      selfCollision = true;
    }
  }

  return wallCollision || selfCollision;
};

// Set the snake's next direction based on the keyboard
Snake.prototype.setDirection = function (newDirection) {
  if (this.direction === "up" && newDirection === "down") {
    return;
  } else if (this.direction === "right" && newDirection === "left") {
    return;
  } else if (this.direction === "down" && newDirection === "up") {
    return;
  } else if (this.direction === "left" && newDirection === "right") {
    return;
  }

  this.nextDirection = newDirection;
};

// The Apple constructor
❺ var Apple = function () {
  this.position = new Block(10, 10);
};
```

```javascript
// Draw a circle at the apple's location
Apple.prototype.draw = function () {
  this.position.drawCircle("LimeGreen");
};

// Move the apple to a new random location
Apple.prototype.move = function () {
  var randomCol = Math.floor(Math.random() * (widthInBlocks - 2)) + 1;
  var randomRow = Math.floor(Math.random() * (heightInBlocks - 2)) + 1;
  this.position = new Block(randomCol, randomRow);
};

// Create the snake and apple objects
❻ var snake = new Snake();
var apple = new Apple();

// Pass an animation function to setInterval
var intervalId = setInterval(function () {
  ctx.clearRect(0, 0, width, height);
  drawScore();
  snake.move();
  snake.draw();
  apple.draw();
  drawBorder();
}, 100);

// Convert keycodes to directions
❼ var directions = {
  37: "left",
  38: "up",
  39: "right",
  40: "down"
};

// The keydown handler for handling direction key presses
$("body").keydown(function (event) {
  var newDirection = directions[event.keyCode];
  if (newDirection !== undefined) {
    snake.setDirection(newDirection);
  }
});
```

这段代码可以分为几个部分。第一个部分位于 ❶ 处，设置了游戏的所有变量，包括 canvas、ctx、width 和 height（第 16 章介绍过这些变量）。接下来，在 ❷ 处，给出了所有的单个的函数：drawBorder、drawScore、gameOver 和 circle。

在 ❸ 处，给出了 Block 构造方法的代码，后面跟着其 drawSquare、drawCircle 和 equal 方法。然后，在 ❹ 处，给出了 Snake 构造方法及其所有的方法。之后，在 ❺ 处，是 Apple 构造方法及其 draw 和 move 方法。

最后，在 ❻ 处，可以看到启动游戏并保持其运行的代码。首先，创建 snake 和 apple 对象。然后，使用 setInterval 来获取游戏动画过程。注意，当调用 setInterval 的时候，我们将时间间隔 ID 保存到一个 intervalId 变量中，以便随后在 gameOver 函数中可以取消它。

传递给 setInterval 的那个函数，会在游戏的每个步骤中调用。它负责将所有内容绘制到画布上，并且负责更新游戏的状态。它清除了画布，然后绘制了分数、贪吃蛇、苹果和边框。它还在贪吃蛇上调用了 move 方法，我们前面看到了，这会将贪吃蛇沿着当前的方向移动一步。在调用了 setInterval 之后，在 ❼ 处，结束了监听键盘事件的代码，并且设置了贪吃蛇的方向。

和通常一样，我们需要将代码输入到 HTML 文档的 script 元素中。要玩游戏，只需要在浏览器中加载 snake.html，并且使用箭头键来控制贪吃蛇的方向。如果箭头键无效，你可能需要在浏览器窗口中单击，以确保它能够识别键盘事件。

如果游戏还是不工作，那么 JavaScript 代码中可能有错误。任何的错误将会在控制台中输出，因此，查看那里以找到任何有帮助的信息。如果你不能断定为什么不能工作，参照前面的代码列表，仔细检查每一行代码。

如果你的游戏运行了，那么，你该想些什么？你能够得到多高的分。

17.7　本章小结

在本章中，我们使用 canvas 元素制作了一个完整的游戏。这个游戏组合了我们在本书中学习的众多的数据类型、概念和技术：数字、字符串、Boolean、数组、对象、控制结构和函数，面向对象编程、事件处理程序、setInterval，以及使用 canvas 进行绘制。

既然已经编写了这款贪吃蛇游戏，还可以使用 JavaScript 编写很多其他简单的二维游戏。你可以自己编写经典游戏的个人版本，包括 Breakout、Asteroids、Space Invaders 或 Tetris 等。或者，可以制作自己的游戏。

当然，可以使用 JavaScript 进行游戏之外的编程。既然已经学习了用 JavaScript 做一些复杂的数学运算，你可以用它来帮助你完成数学作业。或者，你可能先创建一个 Web 站点向世界炫耀一下自己的编程技能。有无限多的可能性！

17.8 编程挑战

如下是可能改进游戏以及为游戏添加功能的几种方式。

#1：让游戏更大

将游戏的大小修改为 500 像素的方形空间。你需要修改哪些代码，才能让游戏以 500 像素的大小运行？

#2：给贪吃蛇涂色

贪吃蛇有点令人厌烦：其身体的每一段都是蓝色的。如果修改颜色以创建颜色段的话，看上去会更像一条真的蛇。例如，让蛇的头部是绿色的，然后，身体其他部分的颜色在蓝色和黄色之间变换，或者选择你自己的颜色。

#3：让游戏随着你玩的过程加速

修改游戏，以便每次贪吃蛇吃了一个苹果，游戏都会加速。为了做到这一点，必须修改代码以使用 setTimeout 而不是 setInterval，因为 setInterval 保持以一个固定的间隔调用一个函数，而不会改变时间间隔。相反，可以用 setTimeout 重复地调用一个函数，并且在每次调用它的时候修改延迟超时。

```
var animationTime = 100;
var gameLoop = function () {
  // The code that draws and updates the game should go here
  setTimeout(gameLoop, animationTime);
};

gameLoop();
```

gameLoop 函数调用 setTimeout（gameLoop，animationTime），这表示"在 animationTime 毫秒之后，再次调用 gameLoop"，而不是使用 setInterval 来重复地调用一个函数。和 setInterval 一样，这也是重复地调用一个函数的方法，在每次函数调用之间有一个简短的暂停。不同之处在于，可以通过修改 animationTime，很容易地在代码中的任何地方修改动画时间，并且程序会把这个值用于后续的 setTimeout 调用。

在这里，还需要记住另一件事情，即找到一种新的方式在游戏结束的时候停止游戏循环。该怎么做到这一点呢？

#4：修改 apple.move 方法

每次移动一个苹果，它都会移动到一个新的随机位置，但是，并没有编写任何代码来防止苹果移动到贪吃蛇身体的某个部分已经占据的一个块。为了防止这种情况，修改 move 方法以考虑贪食蛇的身体段的当前位置。（提示，使用 while 循环持续调用 move，直到它选定了一个贪吃蛇没有占用的位置。）

术语表

　　计算机编程的世界拥有各种专用的术语和定义，可能需要花一些时间才能够掌握它们。在这个术语表中，可以找到本书中使用的众多编程术语的定义。在你阅读本书的过程中，如果遇到了无法理解的术语，可以通过这个术语表找到一个简短的说明。

参数（argument） 可以传递给一个函数的一个值。

数组（array） JavaScript 值的一个列表。在数组中，每个值都有一个索引，这是该值在数组中编号的位置。第一个值的索引是 0，下一个值的索引是 1，依次类推。

属性（attribute） HTML 元素中的一个键 - 值对。可以使用 HTML 属性来控制一个元素的某个方面，例如，元素链接到何处或者元素的大小。

Boolean（Boolean） 可以是 true 或 false 的一个值。

调用（call） 执行或运行一个函数。在 JavaScript 中，要调用一个函数，输入函数的名称，后面跟着一对圆括号（圆括号中是任何的参数）。

骆驼大小写（camel case） 命令变量的一种常用方法，其中，将每个单词的首字母大写（第一个单词的首字母除外），然后，将所有的单词连接起来构成一个长单词，例如 myCamelCaseVariable。

注释（comment） 程序中不会被 JavaScript 解释器执行的文本，注释只是向阅读代码的人描述了程序。

条件语句（conditional statement） 在检查一个条件之后执行代码的一条语句。如果条件为真，该语句将会执行一些代码；如果条件为假，它将会执行一些不同的代码或者直接停止。例子包括 if 语句和 if…else 语句。

构造函数（constructor） 用来创建多个对象以便它们分享内建属性的一种函数。

控制结构（control structure） 控制一段代码何时运行以及运行得多么频繁的一种方式。示例包括条件语句（它通过检查一个条件来确定代码何时运行）和循环（它重复一段代码直到达到某个次数）。

数据（data） 我们在计算机中存储和操作的信息。

递减（decrement） 减少一个变量的值（通常是减去 1）。

对话框（dialog） 一个较小的弹出窗口。你可以使用 JavaScript 在浏览器中打开不同的对话框，诸如警告对话框（显示一条消息）或一个提示对话框（询问一个问题或接受输入）。

文档对象模型（document object model，DOM） Web 浏览器组织和记录 Web 页面上的 HTML 元素的方式。这些元素按照类似于树的一种结构来组织，这种结构叫作 DOM 树。JavaScript 和 jQuery 提供了操作 DOM 以创建和修改元素的方法。

元素（element） 一个 HTML 页面的部分，例如标题、段落或主体。

元素由开始标签和结束标签来标记（标签决定了元素是何种类型），并且所有内容包含在标签之间。DOM 树由这些元素组成。

事件（event） 浏览器中发生的一个动作，例如，用户单击一次鼠标，或者按下一个键盘按键。我们可以通过事件处理程序来检测和响应这些事件。

事件处理程序（event handler） 无论何时，当某个 HTML 元素中的某个事件发生的时候，所调用的一个函数。例如，在第 11 章中，我们创建了一个事件处理程序函数，当用户在一个地图图像上单击的时候，就会调用它。

执行（execute） 运行一段代码，例如，一个程序或函数。

函数（function） 绑定多条语句以便它们可以一起执行的一段代码。函数使得在一个程序中的不同部分重复某一个动作变得容易。函数可以接受参数作为输入，并且它可以输出一个返回值。

递增（increment） 增加一个变量的值（通常是增加 1）。

索引（index） 表示数组中的一个值的位置的一个数字。索引可以用来访问数组中的一个具体的值。

无限循环（infinite loop） 永远不会停止重复的一个循环（通常会导致解释器崩溃）。如果没有正确地设置一个循环的条件的话，可能会发生这种错误。

解释器（interpreter） 读取和运行代码的一部分软件。Web 浏览器包含了一个 JavaScript 解释器，我们使用它来运行整个本书中的 JavaScript。

jQuery 一个 JavaScript 库，它提供了很多有用的方法，可以用于修改和操作 Web 页面上的 DOM 元素。

键 – 值对（key–value pair） 由一个字符串（称为键）和与之相匹配的一个特定的值（这可能是任何类型的值）所组成的一个对。键 - 值对放在 JavaScript 对象中，并且它们用来定义一个对象的属性和方法。

关键字（keyword） 在 JavaScript 中具有特殊含义的一个单词（例如，for、return 或 function）。关键字不能用作变量的名称。

库（library） JavaScript 代码的一个集合，我们可以将其加载到自己的 Web 页面中，以提供额外的功能和方法。在本书中，我们使用 jQuery 库，它提供了可以更容易地操作 DOM 的函数和方法。

循环（loop） 多次执行一段代码的一种方式。

方法（method） 作为对象的属性的一个函数。

null 一种特殊的值，可以用来表示一个变量有意地保留为空白。

对象（object）　一组键值对。每个键都是可以和任意 JavaScript 值配对的一个字符串。然后，可以使用该键来获取对象中与其配对的任何值。

面向对象编程（object-oriented programming）　一种编程风格，它利用了对象和方法的优点来组织代码并表示程序最重要的功能。

编程语言（programming language）　一种语言，程序员可以用它来告诉计算机做些什么。JavaScript 就是一种编程语言，当然，还有很多其他的编程语言。

属性（property）　表示对象中的键 - 值对的一个名称。

原型（prototype）　构造方法的一个属性。添加给构造方法的属性的任何方法，对于通过该构造方法所创建的所有对象来说，都是可用的。

返回（return）　离开一个函数并返回到调用该函数的代码的动作。当一个函数到达了函数体的底部的时候，或者当函数遇到一个 return 关键字的时候（该关键字可以用来较早地离开函数），函数会返回。当函数返回的时候，它输出一个返回值（如果没有指定专门的返回值的话，它直接返回空值 undefined）。

选择器字符串（selector string）　表示一个或多个 HTML 元素的一个字符串。我们可以将该字符串传递给 jQuery 的 $ 函数，以选择那些元素。

字符串（string）　用引号括起来的一个字符列表，在计算机程序中用于表示文本。

语法（syntax）　关键字、标点及其他字符串组合成有效的 JavaScript 程序的方式。

标签（tag）　用来创建 HTML 元素的一个标记。所有的元素都以一个开始标签开始，并且大多数元素都带有一个结束标签。这些标签决定了要创建何种类型的元素，并且开始标签可能包含针对该元素的属性。

文本编辑器（text editor）　用来编写或编辑纯文本，而不带有字体样式或颜色等任何特殊格式的一个计算机程序。一款较好的文本编辑器能够有助于编写程序，而程序正是使用纯文本编写的。

undefined　当诸如属性或变量之类的内容，没有为其赋任何特定的值的时候，JavaScript 将会使用的一个值。

变量（variable）　命名一个 JavaScript 值的一种方式。在给一个变量赋值之后，随后可以使用变量名获取该值。

空白（whitespace）　诸如空格、换行和制表符这样的不可见的字符。

后记
继续学习之路

　　既然已经学习了 JavaScript 的基础知识，现在，你已经准备好进入一个完整的、宽广的编程世界里冒险了。你可以学习另一种编程语言，或者可以选择构建自己的 JavaScript 的知识，将自己的技能提升到下一个层级。接下来你能够走向何方，这完全取决于你自己，但这里给出一些思路。

JavaScript 的更多知识

我们已经在本书中介绍了很多 JavaScript 的知识，但还是有很多关于这门语言的知识需要学习。以下的一些图书和站点将帮助你了解 JavaScript 的更多细节：

• JavaScript: The Good Parts by Douglas Crockford （O'Reilly Media，2008）

• Eloquent JavaScript，2nd Edition，by Marijn Haverbeke （No Starch Press，2014）

• JavaScript: The Definitive Guide，4th Edition，by David Flanagan（O'Reilly Media，2001）

• The Mozilla Developer Network 的 JavaScript 资源：https://developer.mozilla.org/en-US/docs/Web/JavaScript/

• Codecademy JavaScript 课 程：http://www.codecademy.com/en/tracks/javascript/

Web 编程

要开发 Web 站点，还需要和 JavaScript 一起，使用一些 HTML 和 CSS。

HTML

HTML 是用于创建 Web 页面的标记语言。我们在第 5 章学习了一些基本的 HTML 知识，但还有很多内容需要学习。从以下的几个地方，可以了解到有关 HTML 的更多知识：

• The Mozilla Developer Network's Introduction to HTML:https://developer.mozilla.org/en-US/docs/Web/Guide/HTML/Introduction/

• Codecademy HTML & CSS course: http://www.codecademy.com/tracks/web/

• Mozilla Webmaker: https://webmaker.org/

CSS

CSS（Cascading Style Sheets）是用于控制 Web 页面的语言。可以从下面

几个地方学习有关 CSS 的更多知识:

• The Mozilla Developer Network's Getting Started with CSS:https://developer.mozilla.org/en-US/docs/Web/Guide/CSS/Getting_started/

• Codecademy HTML & CSS course: http://www.codecademy.com/tracks/web/

使用 Node.js 的服务器端代码

Web 页面存在于 Web 服务器上。服务器存储了 Web 页面所用到的所有 HTML、CSS 和 JavaScript,并且,它允许人们从互联网访问页面。你可以针对服务器编写程序(叫作服务器端代码),以便每次加载一个 Web 页面的时候让服务器产生一个新的 HTML 文件。例如,当你访问 http://twitter.com/ 的时候,在服务器上运行的一个程序会找到针对你的关注的最新的 tweet,生成包含了这些 tweet 的一个 HTML 文件,并且将文件发送给你的浏览器。

Node.js 允许你使用 JavaScript 编写服务器端代码。通过如下链接,可以找到有关 Node.js 的更多内容:

• Node.js documentation: http://nodejs.org/

• The Node Beginner Book: http://www.nodebeginner.org/

图形编程

如果你想要使用 JavaScript 制作交互式的图形,有两个主要的选项:canvas 元素和 SVG。

canvas

我们在本书中学习了 canvas 元素的基础知识,但是,还是有很多相关的内容需要学习。如下是一些教程和游戏,你可以通过它们学到更多知识:

• The Mozilla Developer Network's Canvas Tutorial: https://developer.mozilla.org/en-US/docs/Web/API/Canvas_API/Tutorial/

• Code Monster from Crunchzilla: http://www.crunchzilla.com/code-monster/

使用 Raphaël 的 SVG

SVG 是一种图像格式,它允许你绘制图形并用其实现动画,而不需要从头开始重绘每个动画步骤。SVG 编程掌握起来比较困难,但是,如果你使用名为 Raphaël 的 JavaScript 库，会容易很多。如下是学习 Raphaël 的一些资源：

- Raphaël website: http://raphaeljs.com/
- An Introduction to the Raphaël JS Library: http://code.tutsplus.com/tutorials/an-introduction-to-the-raphael-jslibrary--net-7186/

3D 编程

还记得吧，在第 13 章中，当我们想要通过调用 canvas.getContext（"2d"）来生成 2D 绘图背景的时候，提到了 canvas。使用 canvas 进行 3D 图形绘制也是有可能的。这是另一个更容易使用库的领域之一，因此，我推荐使用 three.js 库。以下是学习 three.js 的一些资源：

- three.js Manual: http://threejs.org/docs/index.html#Manual
- The Beginner's Guide to three.js: http://blog.teamtreehouse.com/the-beginners-guide-to-three-js/

机器人编程

你甚至可以使用 JavaScript 来控制机器人。例如，Parrot AR.Drone 是一个小型的直升飞机式机器人，可以使用 Node.js 来控制它。或者，可以查看 Johnny-Five，这是一个 JavaScript 库，它允许你使用 Node.js 来控制诸如 Arduino（一款流行的微控制器，在很多家用电器和机器人项目中使用）这样的设备。以下是学习如何使用 JavaScript 来控制机器人和其他设备的一些资源：

- node-ar-drone: https://github.com/felixge/node-ar-drone/
- NodeCopter: http://nodecopter.com/
- NodeBots: http://nodebots.io/
- Johnny-Five: https://github.com/rwaldron/johnny-five/

音频编程

JavaScript 还允许你使用 Web Audio API（API 是 application programming interface 的缩写）在 Web 浏览器中进行高级音频编程。可以使用 Web Audio API 来生成声音效果，甚至创建你自己的音乐。以下是学习 Web Audio API 的更多知识的一些资源：

- The Mozilla Developer Network's Web Audio API: https://

developer.mozilla.org/en-US/docs/Web/API/Web_Audio_API/

- HTML5 Rocks: Getting Started with Web Audio API: http://www. html5rocks.com/en/tutorials/webaudio/intro/

游戏编程

如果你想要用 JavaScript 进行更多的游戏编程，可能想要尝试使用一款游戏引擎。游戏引擎是代码的一个集合，负责处理和游戏相关的很多底层的问题（例如，键盘和鼠标输入），从而使你只关注能够让游戏与众不同的部分。你可以通过如下的资源，学习有关游戏编程和游戏引擎的更多知识：

- Crafty game engine: http://craftyjs.com/
- Pixi Renderer: https://github.com/GoodBoyDigital/pixi.js
- HTML5 Game Engines: http://html5gameengine.com/
- Udacity HTML5 Game Development: https://www.udacity.com/course/cs255
- 3D Game Programming for Kids by Chris Strom （Pragmatic Programmers，2013）

使用 JSFiddle 分享你的代码

如果你想要将自己所编写的所有不错的 JavaScript 与全世界分享，该怎么办呢？有很多方法可以做到这一点。较容易的一种方法是 JSFiddle（http://jsfiddle. net/）。只要在 JavaScript 框中输入你的 JavaScript 代码，在 HTML 框中添加想要的任何 HTML，然后单击 Run 以运行你的程序。要分享它，只需要单击 Save，这会给出一个可以与任何人分享的 URL。